Word/Excel/PPT

2016 商务办公手册

博智书苑 主编

U0393148

北京日报出版社

图书在版编目（CIP）数据

Word/Excel/PPT 2016 商务办公手册 / 博智书苑主编. --
北京 ：北京日报出版社, 2017.5
ISBN 978-7-5477-2428-6

Ⅰ. ①W… Ⅱ. ①博… Ⅲ. ①办公自动化－应用软件
－手册 Ⅳ. ①TP317.1-62

中国版本图书馆 CIP 数据核字(2017)第 016418 号

Word/Excel/PPT 2016 商务办公手册

出版发行：北京日报出版社
地　　址：北京市东城区东单三条 8-16 号东方广场东配楼四层
邮　　编：100005
电　　话：发行部：（010）65255876
　　　　　总编室：（010）65252135
印　　刷：北京市燕山印刷厂
经　　销：各地新华书店
版　　次：2017 年 5 月第 1 版
　　　　　2017 年 5 月第 1 次印刷
开　　本：787 毫米×1092 毫米　1/16
印　　张：17.5
字　　数：362 千字
定　　价：35.00 元（随书赠送光盘 1 张）

版权所有，侵权必究，未经许可，不得转载

前 言 FOREWORD

内容导读

在一般的商务办公工作中，最常用到的就是 Office 办公套装软件中的 Word、Excel 和 PowerPoint 应用程序，利用它们可完成图文并茂的商务办公文件的编辑、复杂多变的办公表格数据统计与分析，以及丰富多彩的演示文稿设计与制作等工作。无论是对于商业管理、信息交流，还是对于企业内部的互动沟通，Office 软件都是不可缺少的重要工具。

本书针对商务办公人员所需求的公文制作、文档编排、版面设计、文档组织和管理、数据统计、表格制作、报表设计、图表展示及报告演示等，以大量典型的商务办公应用案例为主线进行讲解，系统地介绍了 Word 2016、Excel 2016 和 PowerPoint 2016 的技术特点和应用方法，深入揭示隐藏于高效办公背后的实操技巧，帮助读者全面掌握 Word、Excel 和 PowerPoint 在商务办公中的应用技术。

本书共分为 12 章，主要内容包括：

- ☑ Word 商务办公文档编辑与排版
- ☑ Word 商务办公文档图文混排与设置
- ☑ Word 商务办公表格的编辑与应用
- ☑ Word 样式与模板的商务应用
- ☑ Excel 办公表格的创建、编辑与设置
- ☑ Excel 商务办公表格的公式与函数计算

- ☑ Excel 表格数据的排序、汇总与筛选
- ☑ 利用 Excel 图表进行统计分析
- ☑ Excel 数据的模拟分析与预算
- ☑ PPT 普通演示文稿的制作
- ☑ PPT 动态演示文稿的制作
- ☑ PPT 演示文稿的放映

主要特色

本书是帮助 Office 2016 初学者实现商务办公入门、提高到精通的得力助手和学习宝典。主要具有以下特色：

● 内容全面，注重实用

本书选择商务办公中最实用、最常用的各种知识，力求让读者"想学的知识都能找到，所学的知识都能用上"，让学习从此不做无用功，学习效率事半功倍。

● 精选案例，拿来即用

为了便于读者即学即用，本书摒弃传统枯燥的知识讲解方式，而是将商务办公实际应用的典型案例贯穿全书，让读者在学会案例制作方法的同时掌握软件操作技能。

● 图解教学，直观易懂

本书采用图解教学的体例形式，一步一图，以图析文，在讲解具体操作时，图片上均清晰地标注出了要进行操作的分步位置，便于读者在学习过程中直观、清晰地看到操作过程，更易于理解和掌握，提升学习效果。

光盘说明

本书随书赠送一张超长播放的多媒体 DVD 视听教学光盘，由专业人员精心录制了本书所有操作实例的实际操作视频，并伴有清晰的语音讲解，读者可以边学边练，即学即会。光盘中包含本书所有实例文件，易于读者使用，是培训和教学的宝贵资源，且大大降低了学习本书的难度，增强了学习的趣味性。

光盘中还超值赠送了由本社出版的《网页设计与制作从新手到高手(图解视频版)》和《Excel 2013 公式、函数、图表应用与数据分析从新手到高手（ 图解视频版)》的多媒体光盘视频，一盘多用，超大容量，物超所值。

适用读者

本书系统全面、案例丰富、讲解细致、实用性强，能够满足不同层次读者的学习需求。本书适用于需要学习使用 Word、Excel 和 PowerPoint 进行商务办公的初级用户及希望提高办公软件应用能力的中、高级用户，是各行各业商务办公人员快速学习和掌握相关技能的得力助手。

售后服务

如果读者在使用本书的过程中遇到问题或者有好的意见或建议，可以通过发送电子邮件（ E-mail：bzsybook@163.com ）联系我们，我们将及时予以回复，并尽最大努力提供学习上的指导与帮助。

希望本书能对广大读者提高学习和工作效率有所帮助，由于编者水平有限，书中可能存在不足之处，欢迎读者提出宝贵意见，在此深表谢意！

编　者

目 录 CONTENTS

Chapter 01　Word 商务办公文档编辑与排版

Chapter 02　Word 商务办公文档图文混排与设置

Chapter 03　Word 商务办公表格的编辑与应用

Chapter 04　Word 样式与模板的商务应用

Chapter 10　PPT 普通演示文稿的制作

Chapter 11　PPT 动态演示文稿的制作

Chapter 12　PPT 演示文稿的放映

Chapter
01

Word 商务办公文档编辑与排版

Word 是美国微软公司开发的 Office 办公套装软件中的一款文字处理软件，用户可以在 Word 中轻松地处理文字格式、编排段落以及设置页面布局等。由于 Word 功能强大，且简单易学，因此它已成为当前办公的首选文字处理软件。本章将引领读者学习如何使用 Word 2016 对商务办公文档进行编辑与排版。

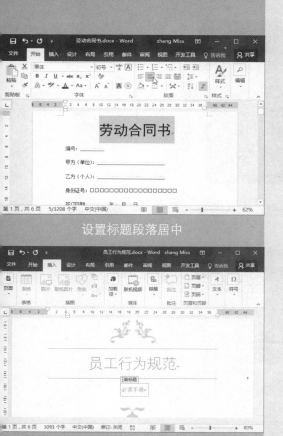

设置标题段落居中

编辑封面文本

1.1 编制劳动合同

1.2 编制公司保密协议

1.3 员工行为规范的排版

1.1　编制劳动合同

劳动合同是指劳动者与用人单位之间确立劳动关系，明确双方权利和义务的协议。劳动合同是我们进入职场后遇到的第一个正式文件。下面将以劳动合同文件的编辑和排版为例，为读者介绍 Word 2016 的编排功能和技巧。

1.1.1　创建劳动合同文档

在对劳动合同文档进行一系列操作之前先创建该文档。下面从 Word 文档的创建开始介绍。

1. 新建文档并输入内容

启动 Word 的方法有多种，如通过"开始"菜单、搜索框、桌面的快捷方式启动等。下面以搜索框为例进行介绍，具体操作方法如下。

STEP 01 启动 Word ❶ 在搜索框中输入 Word，❷ 在弹出的列表中选择"Word 2016 桌面应用"命令。

STEP 02 新建空白文档　此时启动 Word 应用并跳转到新建文档界面，选择"空白文档"选项。

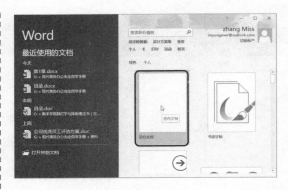

STEP 03 输入内容　空白文档创建完成后，单击主窗口将鼠标指针定位到空白文档，输入劳动合同首页内容。

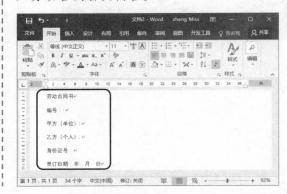

2. 插入特殊符号

在输入文本内容时，经常会遇到一些特殊符号，这些符号在键盘上是找不到的，需要使用"插入"选项卡中的"符号"功能。下面以插入身份证号的方框符号为例介绍如何使用"符号"功能，具体操作方法如下。

STEP 01 插入特殊符号 ❶ 将鼠标指针定位到"身份证号"文字后，❷ 选择"插入"选项卡，❸ 单击"符号"下拉按钮，❹ 选择"其他符号"选项。

STEP 02 选择符号 弹出"符号"对话框，❶ 在"字体"下拉列表框中选择"（普通文本）"，❷ 在"子集"下拉列表框中选择"几何图形符"选项，❸ 在符号列表框中选择"空心方形"符号，❹ 单击"插入"按钮。

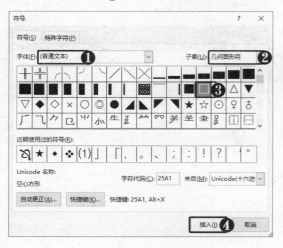

STEP 03 插入其余符号 此时即可看到文档中已经插入了一个空心方形。继续单击"插入"按钮插入"空心方形"符号，直至插入 18 位为止。

STEP 04 单击"符号"下拉按钮 ❶ 也可再次单击"符号"下拉按钮，❷ 选择"空心方形"符号进行插入（使用过的符号会自动显示到默认列表中）。

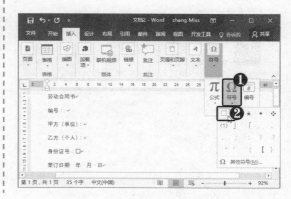

3. 插入分页符

前面所输入的内容是劳动合同的首页，劳动合同的详细内容应该输入到下一页，可以通过插入分页符来切换到下一页，具体操作方法如下。

STEP 01 插入分页符 ❶ 将鼠标指针定位到要分页的位置，即签订日期之后，❷ 选择"插入"选项卡，❸ 在"页面"组中单击"分页"按钮。

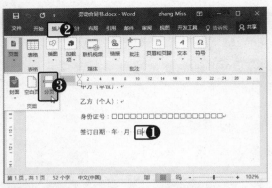

卡，❷在"段落"组中单击"显示/隐藏编辑标记"按钮，即可查看分页符。

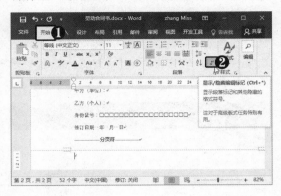

STEP 02 显示编辑标记 此时光标自动跳转到下一页的首行。❶选择"开始"选项

4．复制和粘贴文本

在输入文档内容时，有时需要从外部资料或其他文档中复制一些文本内容过来，也就是常说的引用。例如，本例中将从素材文件复制一些劳动合同的条款到 Word 文档中进行编辑，具体操作方法如下。

STEP 01 复制文本内容 打开记事本文件"劳动合同.txt"，按【Ctrl+A】组合键全选文本内容（或单击"编辑"|"全选"命令），按【Ctrl+C】组合键复制所选的文本（或单击"编辑"|"复制"命令）。

STEP 02 粘贴文本到文档中 ❶将鼠标指针定位到 Word 文档中，❷在"开始"选项卡下"剪贴板"组中单击"粘贴"按钮或按【Ctrl+V】组合键，即可将复制的内容粘贴到 Word 文档中。

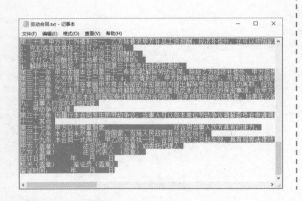

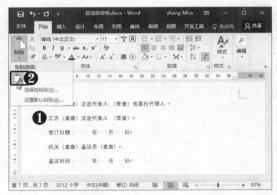

> **高手点拨**
>
> 在粘贴项目后按【Ctrl】键将弹出"粘贴选项"面板，从中可选择所需的粘贴方式。

5．查找和替换文本

在引用其他资料时，难免会有些文本内容需要进行大量的替换操作，如果逐一替换将会浪费大量的时间和精力，此时可以使用查找和替换功能。下面以将所有的"乙方"替换为"乙方（个人）"为例介绍如何查找和替换文本，具体操作方法如下。

STEP 01 单击"替换"按钮 在"开始"选项卡下"编辑"组中单击"替换"按钮。

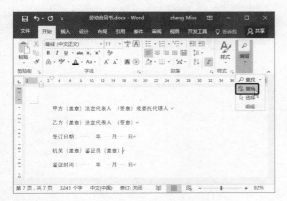

STEP 02 替换全部 弹出"查找和替换"对话框，❶ 在"查找内容"文本框中输入"乙方"，❷ 在"替换为"文本框中输入"乙方（个人）"，❸ 单击"全部替换"按钮，即可全部替换。

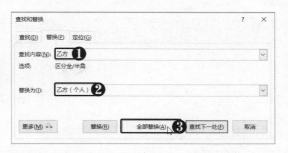

STEP 03 逐一检查替换 若不确定是否要全部替换，可逐一检查，❶ 单击"查找下一处"按钮显示查找到文本"乙方"，❷ 单击"替换"按钮即可将"乙方"替换为"乙方（个人）"。若不需替换此处，可单击"查找下一处"按钮继续查找。

6. 更多查找和替换

　　Word 2016 不仅为用户提供了文本内容的查找和替换功能，也可以对文本或段落的格式进行查找和替换。下面以删除文档中多余的空行为例介绍如何进行格式替换，具体操作方法如下。

STEP 01 单击"更多"按钮 打开"查找和替换"对话框，❶ 删除"查找内容"和"替换为"文本框中的内容，❷ 将鼠标指针定位到"查找内容"文本框中，❸ 单击"更多"按钮。

STEP 02 选择"段落标记"命令 ❶ 单击

"特殊格式"下拉按钮，❷ 选择"段落标记"命令。

STEP 03 **重复上一步** 重复上一步操作，再次为"查找内容"文本框中输入一个"段落标记"，即设置查找内容为两个连续的"段落标记"。

STEP 04 **替换文档中的空行** ❶ 将鼠标指针定位到"替换为"文本框中，按照前面的方法设置"替换为"文本框的内容为一个"段落标记"，❷ 单击"全部替换"按钮。

STEP 05 **全部替换完成** 若文档中的空行较多，则需要多次单击"全部替换"按钮，直到弹出的提示信息框中显示"全部完成。完成 0 处替换"，单击"确定"按钮，完成整个替换操作。

7. 文档的保存

创建文档后就可以将其保存到硬盘中，以便于在编辑过程中随时按【Ctrl+S】组合键保存文档，也可等到编辑完成后再进行保存，具体操作方法如下。

STEP 01 **保存文档** 选择"文件"选项卡，❶ 选择"保存"选项，❷ 单击"浏览"按钮。

STEP 02 **选择保存位置** 弹出"另存为"对

话框，❶ 选择文件的保存位置，❷ 在"文件名"文本框中输入文件名称，❸ 单击"保存"按钮。

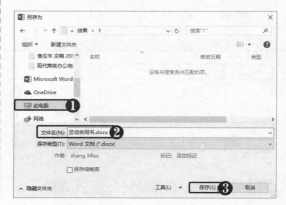

1.1.2 劳动合同的编辑和排版

文档的文本内容输入完成后，就要开始对其进行编辑和排版了。下面以对劳动合同的编辑和排版为例，重点介绍"开始"选项卡下"字体"和"段落"组的应用。

1. 设置字体格式

首先从字体的格式设置开始，具体操作方法如下。

STEP 01 设置标题字体 ❶ 选择标题文字"劳动合同书"，❷ 在"开始"选项卡下"字体"组中单击"字体"下拉按钮，❸ 选择"黑体"选项。

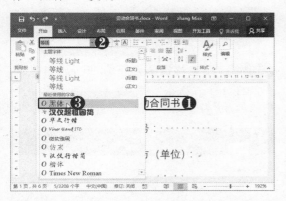

STEP 02 设置标题字号 ❶ 选择标题文字"劳动合同书"，❷ 在"开始"选项卡下"字体"组中单击"字号"下拉按钮，❸ 选择"初号"选项。

STEP 03 设置首页其他文字格式 ❶ 选择首页中标题文字下方的所有段落，❷ 在"字体"下拉列表框中选择"宋体"选项，❸ 在"字号"下拉列表框中选择"四号"选项。

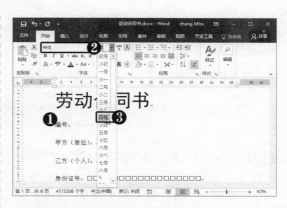

STEP 04 设置文字颜色 ❶ 选择"编号"文字，❷ 在"开始"选项卡下"字体"组中单击"字体颜色"下拉按钮，❸ 单击要应用的字体颜色，如红色。

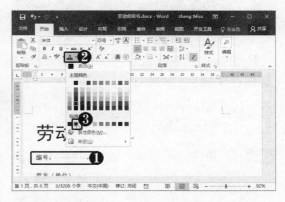

STEP 05 加粗字体 ❶ 选择需要加粗的文字，❷ 在"开始"选项卡下"字体"组中单击"加粗"按钮 B。

> 🔲 **高手点拨**
>
> 按【Ctrl+B】组合键可加粗文本，按【Ctrl+I】组合键可倾斜文本，按【Ctrl+U】组合键可添加下划线。

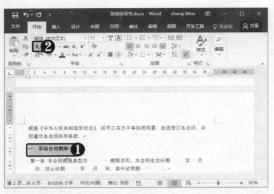

STEP 06 **重复加粗操作** 为其余一级标题

重复加粗操作。

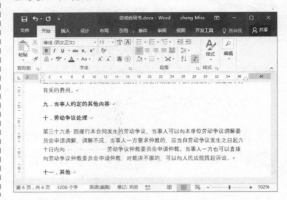

2．添加下划线

在劳动合同书中有很多需要填写的空格，下面为这些空格添加下划线，具体操作方法如下。

STEP 01 **选择"下划线"选项** ❶在"开始"选项卡下"段落"组中单击"显示/隐藏编辑标记"按钮，使空格符号显示出来，❷选中"编号"后的空格，❸在"字体"组中单击"下划线"下拉按钮，❹选择"下划线"选项。

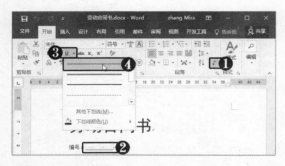

STEP 02 **单击"下划线"按钮** ❶将鼠标指针定位到"甲方（单位）"文字后，❷在"开始"选项卡下"字体"组中单击"下划线"按钮。

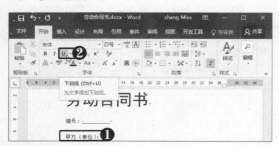

STEP 03 **按空格键显示下划线** 连续按多个空格键输入空格字符，此时即可显示出下划线。

STEP 04 **继续添加下划线** 用上述两种方式的任意一种为需要填写内容的空白区域添加下划线。

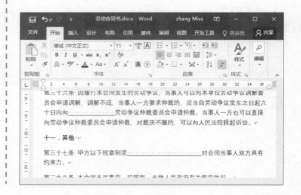

3．设置段落格式

字体格式设置完成后，接下来就要设置段落格式了，具体操作方法如下。

STEP 01 设置标题段落居中　❶ 选择标题文字段落，❷ 在"开始"选项卡下"段落"组中单击"居中"按钮，将标题设置为居中对齐。

STEP 02 单击扩展按钮　❶ 将鼠标指针定位到标题文字段落中，❷ 单击"段落"组右下角的扩展按钮。

STEP 03 设置段落间距　弹出"段落"对话框，❶ 在"缩进和间距"选项卡下设置"间距"选项区中的"段前"值为"6行"，"段后"值为"16行"，❷ 单击"确定"按钮。

高手点拨

在"布局"选项卡下"段落"组中也可以设置段前或段后间距，单位可以是行、磅或厘米。

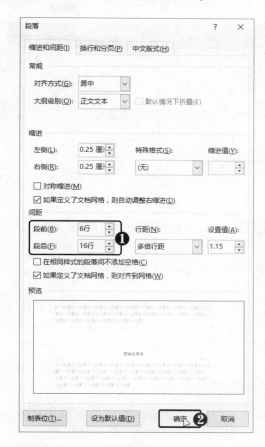

STEP 04 设置段落缩进　❶ 选择首页中标题下方的段落，❷ 在"段落"组中单击"增加缩进量"按钮，使所选段落先后移动，左侧空白增大。多次单击此按钮，将段落调整至合适位置。

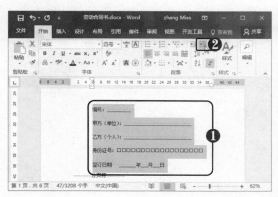

STEP 05 单击扩展按钮 ❶ 选择第 2 页开始到文档末尾的所有正文，❷ 单击"段落"组右下角的扩展按钮 ⌐。

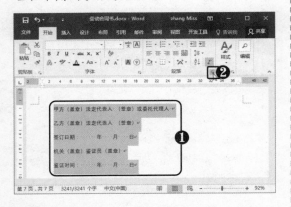

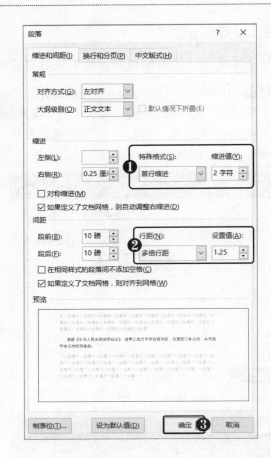

STEP 06 设置首行缩进和行间距 弹出"段落"对话框，❶ 在"缩进和间距"选项卡下"缩进"选项区中设置"特殊格式"为"首行缩进"、"缩进值"为"2 字符"，❷ 在"间距"选项区中设置"行距"为"多倍行距"、"设置值"为 1.25，❸ 单击"确定"按钮。

4．添加编号

在劳动合同书中有很多罗列出的条款，需要对这些条款进行编号，具体操作方法如下。

STEP 01 单击"编号"下拉按钮 ❶ 选中需要进行编号的段落，❷ 在"段落"组中单击"编号"下拉按钮 ≔·，❸ 选择合适的编号。

STEP 02 单击"编号"按钮 采用相同的方式为其他需要添加编号的段落添加编号，如果编号格式不需改变，后面添加时可直接单击"编号"按钮 ≔·。

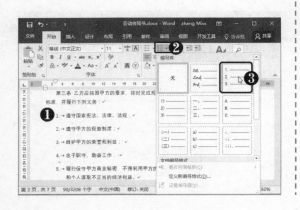

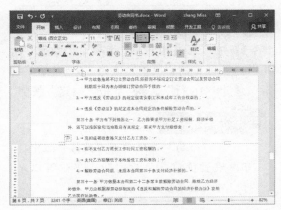

5. 设置制表位

制表位是指在水平标尺上的位置，指定文字缩进距离或一栏文字开始的位置。制表位是 Word 文档中用于快速对齐内容的一种标记。设置制表位后，在输入内容时配合【Tab】键，可以快速定位光标位置，从而实现快速对齐。

下面将以在合同末尾处设置制表位为例介绍如何设置制表位，具体操作方法如下。

STEP 01 **启动"制表符"功能** 在窗口左上方标尺交汇处多次单击"制表符"按钮⌐，将其转换为"左对齐制表符"。

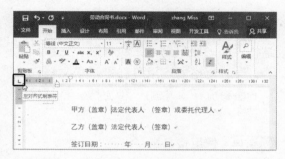

STEP 02 **设置制表位** 在上方标尺中单击约 14，将左对齐式制表符定位到此。

STEP 03 **定位插入点** 将鼠标指针定位到"甲方（盖章）"文字后，按【Tab】键，此时后面的文字将迅速定位至刚设置的制表符处。

STEP 04 **设置默认制表位** 双击设定的"左对齐式制表符"，打开"制表符"对话框，可查看并设置制表位在标尺上的精确位置和对齐方式等。❶ 将"默认制表位"设置为当前制表位位置"14.18 字符"，❷ 单击"确定"按钮。

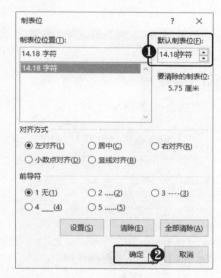

STEP 05 **应用默认制表位** 将鼠标指针定位到"乙方（盖章）"文字后，按【Tab】键将后方文字迅速定位至默认制表位处。

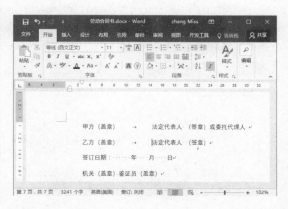

STEP 06 再次应用默认制表位 将鼠标指针定位到"机关（盖章）"文字后，按【Tab】键将后方文字再次迅速定位至默认制表位处。

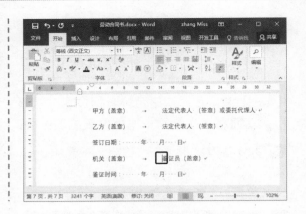

高手点拨

在标尺上拖动制表位可以更改其位置，制表位下方的文本也将同时更改，向下拖动制表位可将其删除。

6. 设置大纲级别

大纲级别主要是为文档中的段落指定等级结构，即一级标题、二级标题、三级标题等，它是一种段落格式。后面要介绍的大纲视图、导航窗格的应用等都是基于文档已经指定了大纲级别。大纲级别的设置方法有多种，下面将介绍其中的一种方法，具体操作方法如下。

STEP 01 设置大纲级别 将鼠标指针定位到标题文本中，单击"段落"组右下角的扩展按钮，弹出"段落"对话框。❶ 在"缩进和间距"选项卡下"常规"选项区中单击"大纲级别"下拉按钮，❷ 选择"1级"选项，❸ 单击"确定"按钮。

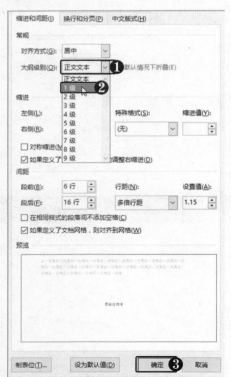

STEP 02 使用格式刷 依照上面的方法，将"一、劳动合同期限"段落设置为"2级"标题。❶ 将鼠标指针定位到设置完成的二级标题中，❷ 在"开始"选项卡下"剪贴板"组中单击"格式刷"按钮，❸ 当鼠标指针呈形状时单击"二、工作内容和义务"段落文字，即可将该段落设置为二级标题。继续使用格式刷设置其他的二级标题。

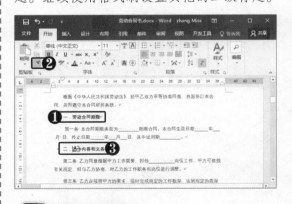

高手点拨

在使用格式刷时，如果复制的格式需要应用于文档的多处内容上，可以在选择好要复制格式的源内容后双击"格式刷"按钮。按【Esc】键或再次单击"格式刷"按钮，即可退出格式刷的应用。

1.1.3 阅览劳动合同书

在文档编排过程中或编排完成后，都需要对其整体效果进行阅览或查看。下面将介绍如何通过"视图"选项卡查看文档的不同视图效果。

1．页面视图

页面视图是默认和最常用的视图模式，其最大的特点是"所见即所得"。文档排版的效果即为打印的效果，因此可显示元素都会显示在实际位置。若要更改视图方式，可选择"视图"选项卡，在"视图"组中单击相应的按钮即可。

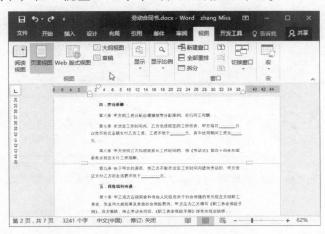

2．大纲视图与导航窗格

大纲视图主要用于编辑文档结构，显示标题的层级结构，并可以方便地折叠和展开各种层级的文档。大纲视图广泛用于 Word 2016 长文档的快速浏览和设置。下面以显示 2 级级别的大纲结构为例进行介绍，具体操作方法如下。

STEP 01 单击"大纲视图"按钮 ❶ 选择"视图"选项卡，❷ 在"视图"组中单击"大纲视图"按钮。

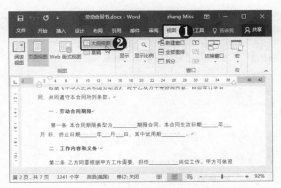

STEP 02 设置显示级别 在打开的大纲视

图功能区中，❶ 在"大纲工具"组中单击"显示级别"下拉按钮，❷ 选择"2 级"选项，❸ 单击"关闭大纲视图"按钮，退出大纲视图。

3. 导航窗格的使用

导航窗格是另一种查看文档结构的方式，在打开的导航窗格中不仅可以查看标题的层级结构，还可通过单击标题快速跳转到文档中相应的位置，具体操作方法如下。

STEP 01 选中"导航窗格"复选框 ❶ 选择"视图"选项卡，❷ 在"显示"组中选中"导航窗格"复选框。

STEP 02 单击标题 在左侧打开的导航窗格中单击"三、劳动保护和劳动条件"标题，即可快速跳转到文档该标题的位置。

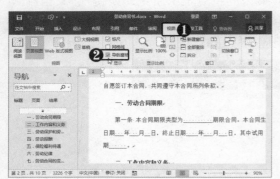 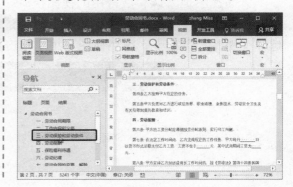

高手点拨

在导航窗格中还可拖动文档标题调整其位置，可以搜索文档内容，在"页面"选项卡下快速查找页面。

4. 更改文档显示比例

在查看文档时，可以通过调整缩放比例来改变视图大小。在 Word 2016 中有以下几种调整显示比例的方法。

- 按住【Ctrl】键的同时滑动鼠标滚轮。
- 在"视图"选项卡下"显示比例"组中，单击 100%按钮，可将视图比例还原到原始比例大小；单击"单页"按钮▤，可将视图调整为在屏幕上完整显示一整页的缩放比例；单击"双页"按钮▤▤，可将视图调整为在屏幕上完整显示两页的缩放比例；单击"页宽"按钮▤，可将视图调整为页面宽度与屏幕宽度相同的缩放比例。

- 在窗口右下方的视图区中有调整缩放比例的控制按钮 ─ ● ─ + 62%，可以通过单击"+"、"−"按钮或拖动滑块来调整显示比例。单击 62%按钮，可弹出"显示比例"对话框，在该对话框中可以选择视图缩放的比例大小。

5. 文档的限制编辑

如果文档比较重要，不想被别人擅自进行改动，可对该文档进行权限设置，具体操作方法如下。

STEP 01 单击"限制编辑"按钮 ❶ 选择"审阅"选项卡，❷ 在"保护"组中单击"限制编辑"按钮。

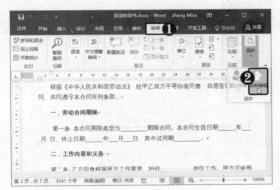

STEP 02 设置权限 打开"限制编辑"窗格，❶ 选中"仅允许在文档中进行此类型的编辑"复选框，❷ 单击"是，启动强制保护"按钮。

高手点拨

要设置可编辑的部分，可在文档中选中该部分内容后，在"例外项"选项下选中"每个人"复选框。

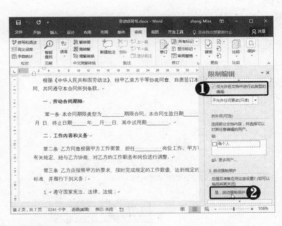

STEP 03 输入密码 弹出"启动强制保护"对话框，❶ 在文本框中输入密码，❷ 单击"确定"按钮，即可完成权限设置。

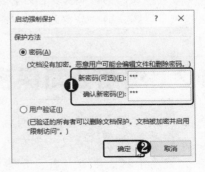

6．为文档加密

如果文档属于机密型文件，不允许别人随意查看，可对该文档进行加密操作，具体操作方法如下。

STEP 01 启动加密功能 打开"文件"选项卡，❶ 选择"信息"选项，❷ 单击"保护文档"下拉按钮，❸ 选择"用密码进行加密"选项。

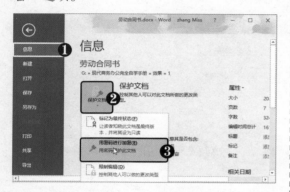

STEP 02 输入密码 弹出"加密文档"对话框，❶ 在"密码"文本框中输入密码，❷ 单击"确定"按钮。

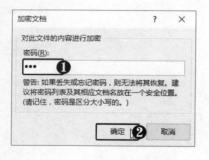

STEP 03 确认密码 弹出"确认密码"对话框，❶ 在"重新输入密码"文本框中再次输入密码，❷ 单击"确定"按钮。

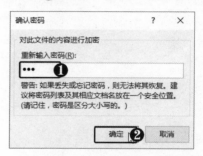

STEP 04 完成加密操作 设置完成后，在"信息"界面中会显示"必须提供密码才能打开此文档"。下次打开该文档时会弹出对话框，输入正确的密码后才能打开。

高手点拨

若要去除文档的密码保护，只需再次单击"保护文档"下拉按钮，选择"用密码进行加密"选项，在弹出的"加密文档"对话框中将密码删除，然后单击"确定"按钮即可。

1.2　编制公司保密协议

保密协议是指协议当事人之间就一方告知另一方的书面或口头信息，约定不得向任何第三方披露该信息的协议。负有保密义务的当事人违反协议约定，将保密信息披露给第三方，将要承担民事责任甚至刑事责任。入职后，一些涉及到企业机密的员工需要与企业签订保密协议，以保障企业信息等不被泄漏。下面就以保密协议的编制为例，介绍如何设置文档格式、如何进行页面设置，以及如何插入页眉和页脚等。

1.2.1　设置文档格式

前面已经介绍了文档的输入过程，在此不再赘述，直接从输入完成的无格式文档开始，介绍文本格式的各种设置方法。

1. 设置字符间距

增加文档标题的字符间距可以使其更加清晰、醒目，具体操作方法如下。

STEP 01 **单击扩展按钮** 打开素材文件"公司保密协议.docx"，❶ 选择标题文本，❷ 单击"开始"选项卡下"字体"组右下角的扩展按钮 。

STEP 02 **设置字符间距** 弹出"字体"对话框，❶ 选择"高级"选项卡，❷ 在"间距"下拉列表框中选择"加宽"选项，❸ 设置"磅值"为"5磅"，❹ 单击"确定"按钮。

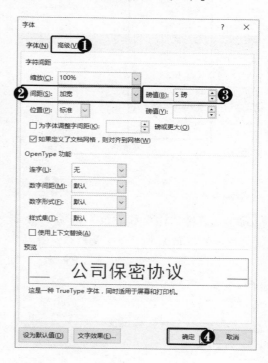

2. 设置文字的边框和底纹

文档中有些文字需要突出显示，这就用到了边框和底纹。为文字设置边框和底纹的具体操作方法如下。

STEP 01 **选择"边框和底纹"选项** ❶ 选择标题文字，❷ 在"段落"组中单击"边框"下拉按钮 ，❸ 选择"边框和底纹"选项。

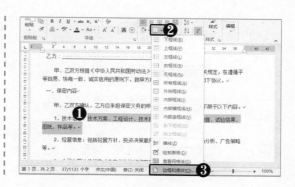

STEP 02 设置边框样式 弹出"边框和底纹"对话框，❶ 在"应用于"下拉列表框中选择"文字"选项，❷ 在"设置"栏中选择"阴影"选项，❸ 在"样式"列表框中选择合适的线条样式，在"颜色"下拉列表框中选择红色，在"宽度"下拉列表框中选择"0.5磅"选项，❹ 单击"确定"按钮。

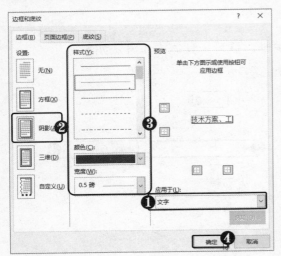

STEP 03 选择"边框和底纹"选项 ❶ 选择要添加底纹的标题文字，❷ 在"段落"组中单击"边框"下拉按钮，❸ 选择"边框和底纹"选项。

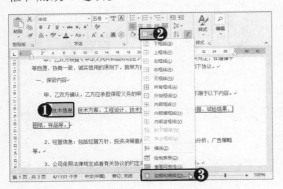

STEP 04 设置底纹样式 弹出"边框和底纹"对话框，❶ 选择"底纹"选项卡，❷ 在"应用于"下拉列表框中选择"文字"选项，❸ 在"填充"下拉列表框中选择绿色，❹ 在"图案"选项区中设置"样式"为25%，"颜色"为"橙黄色"，❺ 单击"确定"按钮。

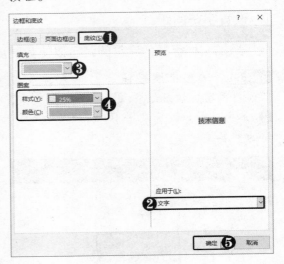

STEP 05 使用格式刷 使用格式刷将该文字格式应用到其他需要添加边框或底纹的文字。

高手点拨

若需要为段落添加边框或底纹，只需在"边框和底纹"对话框中将"应用于"更改为"段落"即可。如果对于边框或底纹没有过多的要求，不需要设置其样式，可直接在"段落"组中单击"底纹"下拉按钮或"边框"下拉按钮，选择合适的选项进行添加即可。

3. 自定义段落边框

段落边框要比文字边框更加灵活，可以自定义段落四周的边框样式，具体操作方法如下。

STEP 01 选择"边框和底纹"选项 ❶ 选择文档中"五、违约责任"段落，❷ 在"段落"组中单击"边框"下拉按钮，❸ 选择"边框和底纹"选项。

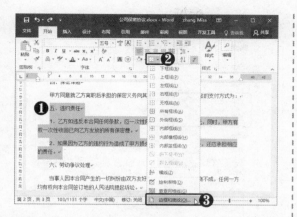

 **STEP 03** 设置底部边线样式　❶ 在"样式"列表框中选择"双线"线条样式，❷ 在"宽度"下拉列表框中选择"3.0磅"选项，❸ 在"预览"区域中单击"底部边线"按钮，❹ 单击"确定"按钮。

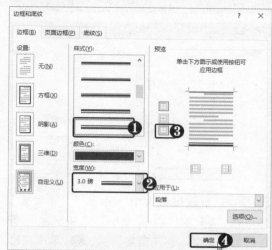

STEP 02 设置顶部边线样式　❶ 在"应用于"下拉列表框中选择"段落"选项，❷ 在"设置"栏中选择"自定义"选项，❸ 在"样式"列表框中选择"直线"线条样式，在"颜色"下拉列表框中选择红色，在"宽度"下拉列表框中选择"1.5磅"选项，❹ 在"预览"区域中单击"顶部边线"按钮。

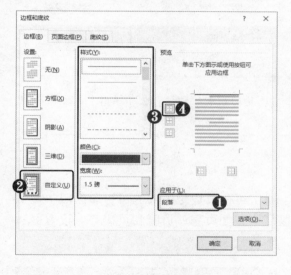

STEP 04 查看自定义边框效果　至此，自定义边框设置完成，查看最终效果。

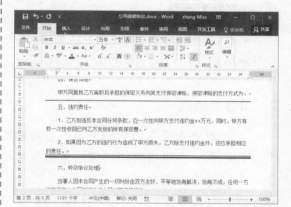

1.2.2 页面设置

　　文档的页面设置主要包括定义纸张大小、页边距、页号、页眉和页脚等，页面设置可以在建立文档之前、之中或文档打印输出之前。下面主要介绍页面的布局设置。

1. 设置纸张大小

　　Word默认使用的纸张大小为标准A4，其宽度为21cm、高度为29.7cm。本例需要更改纸张大小，具体操作方法如下。

STEP 01 选择"其他纸张大小"选项 ❶ 选择"布局"选项卡，❷ 在"页面设置"组中单击"纸张大小"下拉按钮，❸ 选择"其他纸张大小"选项。

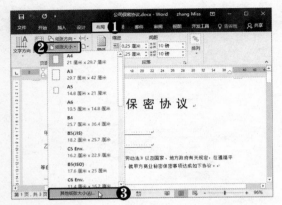

STEP 02 更改纸张大小 弹出"页面设置"对话框，❶ 在"纸张大小"选项区中设置合适的"宽度"和"高度"值，❷ 单击"确定"按钮。

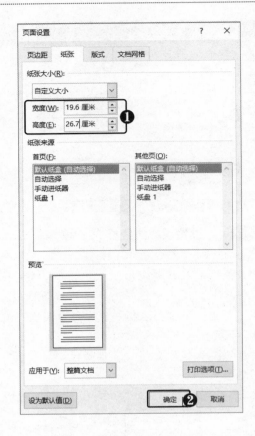

高手点拨

　　在"布局"选项卡下"页面设置"组中单击右下角的扩展按钮，也可弹出"页面设置"对话框。

2. 设置页边距

　　页边距是指纸张边缘到文字的空白距离。通常可在页边距内部的可打印区域中插入文字和图形，也可将某些项目放置在页边距区域中，如页眉、页脚和页码等。设置页边距的具体操作方法如下。

STEP 01 选择"自定义边距"选项 ❶ 选择"布局"选项卡，❷ 在"页面设置"组中单击"页边距"下拉按钮，❸ 选择"自定义边距"选项。

STEP 02 设置页边距　弹出"页面设置"对话框，❶ 在"页边距"选项区中设置上、下、左、右 4 个方向的页边距值，❷ 单击"确定"按钮。

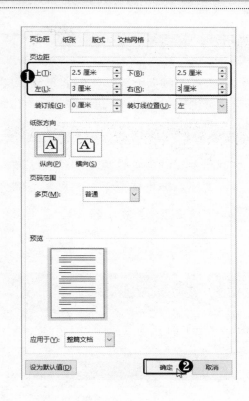

高手点拨

若多个文档使用同样的页边距，可在设置完一个文档后切换到其他文档中，然后在"布局"选项卡下单击"页边距"下拉按钮，选择"上次的自定义设置"选项。

还可以设置装订线页边距，在"多页"下拉列表中可以设置对称页或折页边距。

在文档中页面之间的空白位置双击，可隐藏页边距。

3. 设置分栏排版

根据文档或排版的需求将文档中的文字分成两栏或多栏，是文档编辑中的一种基本方法。在设置分栏时，如果不选中特定文本，则为整篇文档或当前节设置分栏。为文档设置分栏的具体操作方法如下。

STEP 01　选择分栏　❶ 选择要分栏的文本，❷ 选择"布局"选项卡，❸ 在"页面设置"组中单击"分栏"下拉按钮，❹ 选择"两栏"选项。

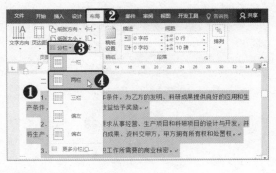

STEP 02　查看分栏效果　此时即可完成分栏操作。也可根据需要将文本分为"三栏"、"偏左"、"偏右"等更多分栏。

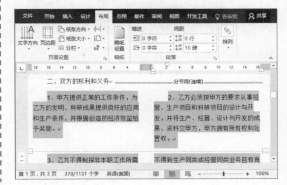

高手点拨

单击"分栏"下拉按钮，选择"更多分栏"选项，可弹出"分栏"对话框。在该对话框中可以设置分栏的栏数和各栏的宽度等。

1.2.3 插入页眉和页脚

页眉和页脚通常显示文档的附加信息，常用来插入文档名称、时间、页码、标识等。页眉和页脚也用作提示信息，特别是可以在其中插入页码，能够快速定位所要查找的页面。

1. 插入页眉

页眉是文档中每个页面的顶部区域，有奇偶页不同、首页不同等选项。下面以为保密协议文档添加奇偶页不同的页眉为例介绍如何插入页眉，具体操作方法如下。

STEP 01　**选择页眉样式** ❶ 选择"插入"选项卡，❷ 在"页眉和页脚"组中单击"页眉"下拉按钮，❸ 选择合适的页眉样式。

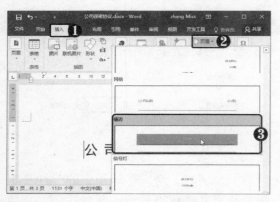

STEP 02　**输入页眉内容** 将页眉中的原标题文本框删除，❶ 在页眉中输入文字内容，❷ 选择"开始"选项卡，❸ 在"段落"组中单击"左对齐"按钮。

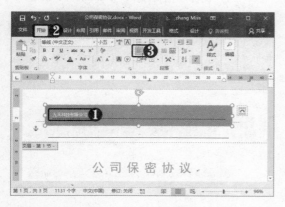

STEP 03　**设置字体大小** ❶ 选择页眉文字，❷ 在"字体"组中单击"字号"下拉按钮，❸ 选择"小四"选项。

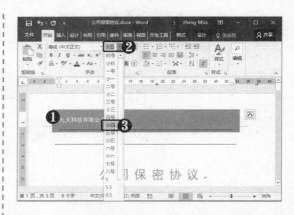

STEP 04　**去除页眉横线** ❶ 在页眉编辑区域中按【Ctrl+A】组合键进行全选，❷ 在"开始"选项卡下"段落"组中单击"边框"下拉按钮，❸ 选择"无框线"选项。

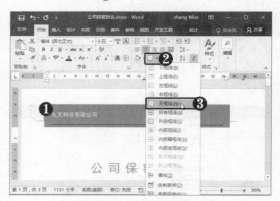

STEP 05　**设置奇偶页不同** ❶ 将鼠标指针定位到页眉空格处，❷ 选择"设计"选项卡，❸ 在"选项"组中选中"奇偶页不同"复选框。

STEP 06 去除偶数页眉横线 将页面转到第2页，将鼠标指针定位到页眉中，❶ 在"段落"组中单击"边框"下拉按钮田▾，❷ 选择"无框线"选项。

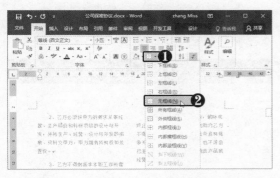

STEP 07 插入偶数页页眉 ❶ 将鼠标指针定位到偶数页页眉中，❷ 选择"设计"选项卡，❸ 单击"页眉"下拉按钮，❹ 选择"花丝"选项。

STEP 08 编辑页眉内容 ❶ 在页眉中输入文本，❷ 在"设计"选项卡下单击"关闭页眉和页脚"按钮，退出页眉的编辑。

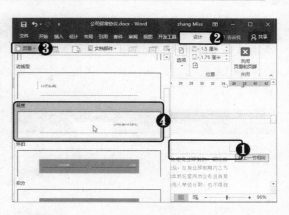

STEP 09 查看奇偶页页眉效果 完成页眉编辑后，即可查看奇偶页页眉的不同效果。

2．插入页脚及页码

页脚虽然可以添加标志图案、文字信息等修饰元素，但大部分情况下页脚总是与页码分不开。下面为文档添加页脚内容及页码，具体操作方法如下。

STEP 01 选择"编辑页脚"选项 ❶ 选择"插入"选项卡，❷ 在"页眉和页脚"组中单击"页脚"下拉按钮，❸ 选择"编辑页脚"选项。

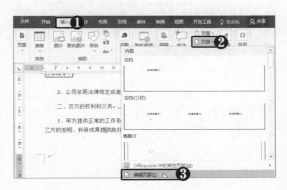

STEP 02 **单击"图片"按钮** 进入页脚编辑模式，❶ 将鼠标指针定位到页脚空格处，❷ 在"设计"选项卡下"插入"组中单击"图片"按钮。

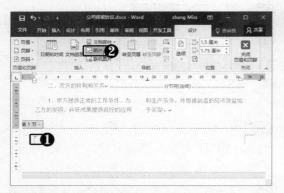

STEP 03 **选择插入图片** 弹出"插入图片"对话框，❶ 选择需要的图片文件，❷ 单击"插入"按钮。

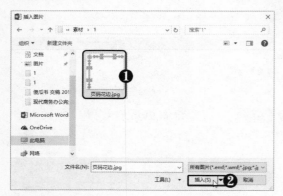

STEP 04 **调整图片** ❶ 拖动图片四周的控制柄，调整图片为合适的大小。❷ 单击图片右侧的"布局选项"按钮，❸ 选择"衬于文字下方"选项。

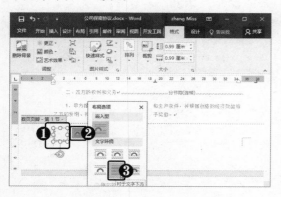

STEP 05 **插入页码** ❶ 将鼠标指针定位到页脚图片上，选择"设计"选项卡，❷ 单击"页码"下拉按钮，❸ 选择"当前位置"选项，❹ 选择"罗马"选项。

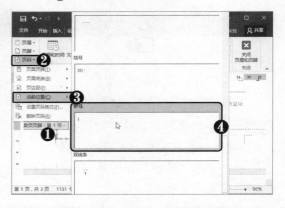

STEP 06 **调整图片位置** 拖动图片，将图片置于页码的正下方。

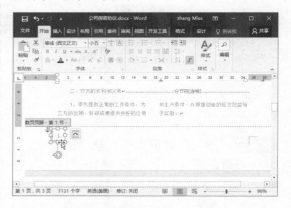

STEP 07 **编辑偶数页页码** ❶ 将鼠标指针定位到文档第2页的页脚处，❷ 选择"开始"选项卡，❸ 在"段落"组中单击"右对齐"按钮。

STEP 08 插入图片并设置大小　用同样的方法插入图片，并调整图片的大小与奇数页的图片大小一样。可以通过"格式"选项卡下的"大小"组来精确设置图片的大小。

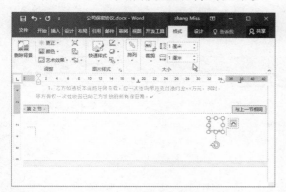

STEP 09 衬于文字下方　❶ 选择图片，❷ 单击图片右侧的"布局选项"按钮，❸ 选择"衬于文字下方"选项。

STEP 10 调整图片方向　❶ 选择图片，❷ 用鼠标拖动"旋转"按钮，将图片的开口方向调整为与奇数页对称。

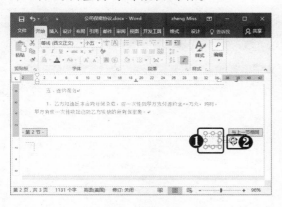

STEP 11 调整图片位置　用同样的方法插入"罗马"样式的页码，拖动图片将其置于页码的正下方。

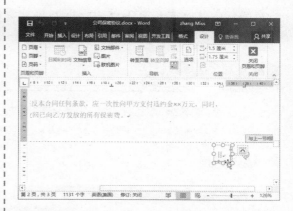

STEP 12 查看效果　查看第 3 页的页脚，可以发现系统已经自动添加同第 1 页样式相同的奇数页码效果。在"设计"选项卡下单击"关闭页眉和页脚"按钮，退出页脚的编辑。

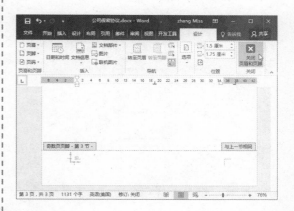

高手点拨

　　位于工作窗口底端的左半部分是状态栏，用于显示当前 Word 文档的相关信息，如当前所在页码、总页数、字数等，可以从状态栏来识别当前的页码等信息。

1.3　员工行为规范的排版

排版是把文字、表格、图形和图片等进行合理的排列调整，使版面达到美观、整洁的视觉效果。下面以员工行为规范的排版为例，介绍文档结构框架的搭建、页面背景的设计、文档的校对及打印等。

1.3.1　设置文档结构

在正文文本编辑完成后，文档还需要做一些完善，如插入封面、搭建文档结构、添加目录等，下面将对其进行详细介绍。

1. 插入封面

像员工行为规范这种类似手册的文档，可以为其添加封面来增加可阅读性，具体操作方法如下。

STEP 01 插入封面 ❶ 选择"插入"选项卡，❷ 在"页面"组中单击"封面"下拉按钮，❸ 选择"花丝"选项。

STEP 02 编辑封面文本 此时将在首页插入封面，在封面的指定文本框处输入所需的文字。

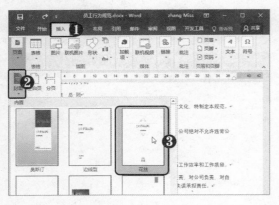

2. 使用"样式"列表

使用"样式"列表搭建文档结构框架是最为便捷的方法，还可以根据文档需要更改应用的"标题"样式，具体操作方法如下。

STEP 01 选择"标题 1"样式 ❶ 将鼠标指针定位到标题文字中，❷ 在"开始"选项卡下"样式"组中选择"标题 1"样式。

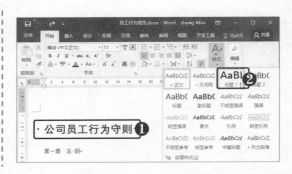

STEP 02 选择"修改"命令 ❶ 在"样式"组中右击"标题 1"，❷ 在弹出的快捷菜单中选择"修改"命令。

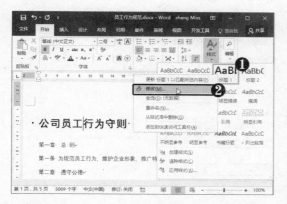

STEP 03 修改样式 弹出"修改样式"对话框，❶ 在"格式"选项区中设置"字体"为"黑体"，❷ 单击"居中"按钮，❸ 单击"确定"按钮。

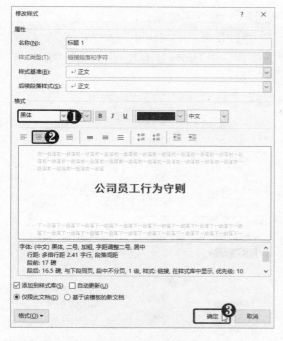

STEP 04 选择"标题 2"样式 ❶ 将鼠标指针定位到"第一章 总则"文字中，❷ 在"样式"组中选择"标题 2"样式。

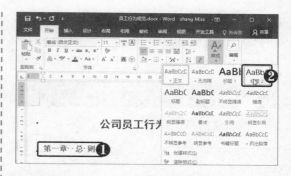

STEP 05 选择"修改"命令 ❶ 在"样式"组中右击"标题 2"，❷ 在弹出的快捷菜单中选择"修改"命令。

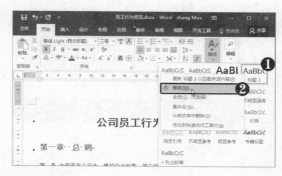

STEP 06 修改样式 弹出"修改样式"对话框，❶ 在"格式"选项区中设置"字体"为"仿宋"，❷ 单击"居中"按钮，❸ 单击"确定"按钮。

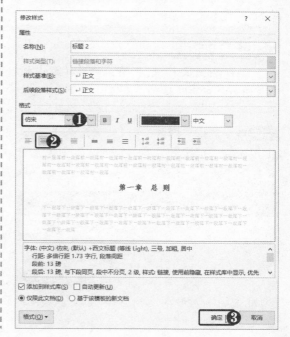

STEP 07 应用样式 ❶ 将鼠标指针定位到"第二章 遵守公德"文字中，❷ 在"样式"组中选择"标题2"样式，应用该样式。

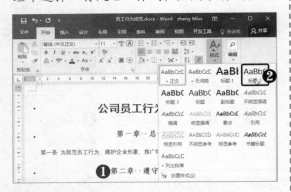

STEP 08 查看标题设置效果 采用同样的方法将其余章节标题设置为"标题2"样式，打开导航窗格可查看标题设置效果。

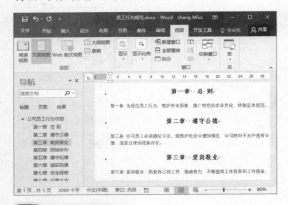

高手点拨

在 Word 文档中，所有未设置样式的文本均为"正文"样式。

STEP 09 选择"修改"命令 ❶ 在"样式"组中右击"正文"，❷ 在弹出的快捷菜单中选择"修改"命令。

STEP 10 选择"字体"命令 弹出"修改样式"对话框，❶ 单击左下角的"格式"下拉按钮，❷ 选择"字体"命令。

STEP 11 设置字体格式 弹出"字体"对话框，❶ 设置"中文字体"为"宋体"、"西文字体"为 Times New Roman，❷ 单击"确定"按钮。

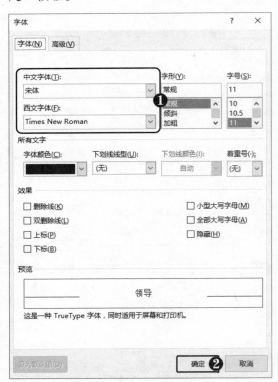

STEP 12 选择"段落"命令 在"修改样式"对话框中，❶ 单击左下角的"格式"下拉按钮，❷ 选择"段落"命令。

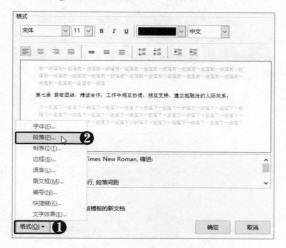

STEP 13 设置段落格式 弹出"段落"对话框，❶ 在"缩进"选项区中设置"特殊格式"为"悬挂缩进"、"缩进值"为"3.5字符"，❷ 单击"确定"按钮。

STEP 14 查看样式 返回"修改样式"对话框，在下方可以查看该样式的字体及段落的详细设置。单击"确定"按钮，退出样式修改。

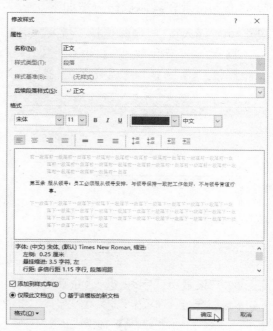

STEP 15 查看应用样式效果 此时所有正文文本已自动应用"正文"样式。

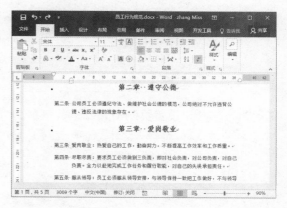

 **高手点拨**

在文档中修改多种样式时，应先修改正文样式，因为各级标题样式大多是基于正文格式的，修改正文会同时改变各级标题的格式。

3. 引用目录

在内容比较多的文档中，目录非常重要，通过目录不仅可以浏览文档内容，起到导读的作用，还有助于信息的检索等。下面以为员工行为规范插入目录为例介绍如何在文档中插入目录，具体操作方法如下。

STEP 01 插入页码 ❶ 选择"插入"选项卡，❷ 在"页眉和页脚"组中单击"页码"下拉按钮，❸ 选择"普通数字2"选项。

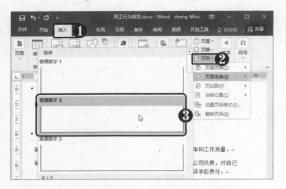

STEP 02 设置页码字号 ❶ 选中页码数字，❷ 选择"开始"选项卡，❸ 在"字体"组中单击"字号"下拉按钮，❹ 选择"五号"选项。

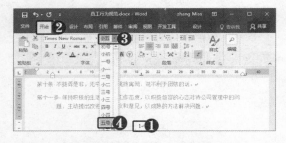

STEP 03 选择"设置页码格式"选项 ❶ 选中页码数字，❷ 选择"设计"选项卡，❸ 单击"页码"下拉按钮，❹ 选择"设置页码格式"选项。

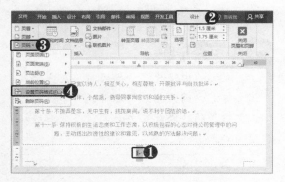

STEP 04 设置页码格式 弹出"页码格式"对话框，❶ 选择合适的"编号格式"选项，❷ 单击"确定"按钮。

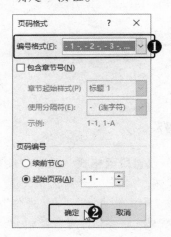

STEP 05 关闭页眉和页脚 此时页码格式设置完成，从页面下方可查看效果。在"设计"选项卡下单击"关闭页眉和页脚"按钮，退出页码编辑状态。

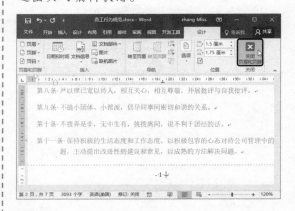

STEP 06 插入目录 将鼠标指针定位到正文的最前方，即标题文字"公司员工行为守则"的前方，❶ 选择"引用"选项卡，❷ 单击"目录"下拉按钮，❸ 选择"自动目录1"选项。

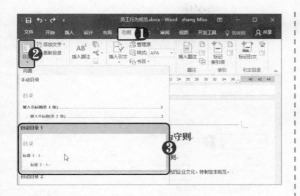

STEP 07 居中对齐 ❶ 在文字"目录"中间插入两个空格，❷ 在"段落"组中单击"居中"按钮▤。

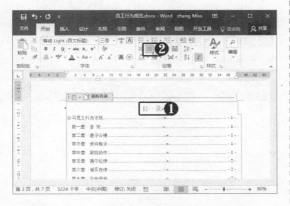

STEP 08 添加分页符 ❶ 将鼠标指针定位到标题文字"公司员工行为守则"的前方，❷ 选择"插入"选项卡，❸ 单击"页面"组中的"分页"按钮。

STEP 09 单击"更新目录"按钮 此时目录内容将占用第1页，正文内容移到第2页，所以需要更新目录。将鼠标指针置于目录上方，单击"更新目录"按钮。

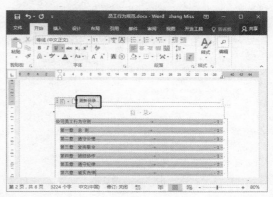

STEP 10 更新目录 弹出"更新目录"对话框，❶ 选中"只更新页码"单选按钮，❷ 单击"确定"按钮。

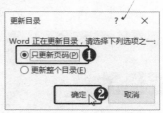

STEP 11 目录更新完成 此时目录将自动更新完成。

1.3.2 添加水印

水印指的是纸面上的一种特殊的暗纹，现在电子页面中也可通过加入一些半透明的

Logo、图标文字等水印来防止他人盗用。在办公文档中添加水印的具体操作方法如下。

STEP 01 添加水印 ❶ 选择"设计"选项卡，❷ 在"页面背景"组中单击"水印"下拉按钮，❸ 选择"自定义水印"选项。

STEP 02 设置水印 弹出"水印"对话框，❶ 选中"文字水印"单选按钮，❷ 在"文字"下拉列表框中选择"传阅"选项，❸ 单击"确定"按钮。

高手点拨

　　要对水印进行自定义编辑，可双击页眉或页脚位置，进入页眉和页脚编辑状态，选中水印文字或图片进行设置即可。

STEP 03 查看水印效果 此时即可在每一页中添加上水印效果。

Chapter
02

Word 商务办公文档图文混排与设置

在 Word 中除了可以对文档进行简单的文本编辑和段落编排外，还可进行图文混排。例如，通过插入图片、形状、Smartart 图形等，制作出美观、专业的各种文档效果。本章将详细介绍如何在 Word 2016 中对商务办公文档进行图文混排与设置。

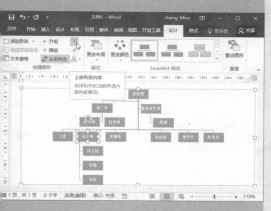
调整 SmartArt 图形位置

输入工作证文本内容并设置样式

2.1 制作企业组织机构图

2.2 制作公司宣传单页

2.3 制作员工工作证

2.1 制作企业组织机构图

组织机构图是企业的流程运转、部门设置及职能规划等最基本的结构依据，它表现为一种清晰的层次关系，在商务办公中有着广泛的应用。Word 2016 为用户提供了用于体现组织结构、关系或流程的图表——SmartArt 图形。下面将通过应用 SmartArt 图形制作企业组织机构图为例，详细介绍 SmartArt 图形的使用方法。

2.1.1 插入 SmartArt 图形并编辑

在制作组织机构图时，首先使用 SmartArt 功能制作出整体的框架，并添加相应的文字说明，具体操作方法如下。

STEP 01 **单击 SmartArt 按钮** 新建 Word 文档，❶ 选择"插入"选项卡，❷ 在"插图"组中单击 SmartArt 按钮 🖼️。

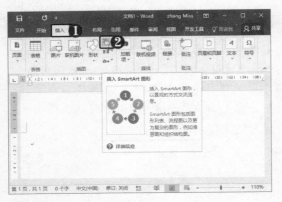

STEP 02 **选择图形样式** 弹出"选择 SmartArt 图形"对话框，❶ 在左侧列表框中选择"层次结构"选项，❷ 选择要应用的"组织结构图"图形样式，❸ 单击"确定"按钮。

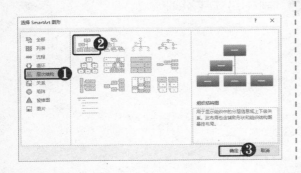

STEP 03 **输入文本** 在插入的 SmartArt 图形中选择要输入文本的图形，输入需要的文本内容。

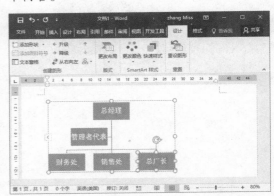

STEP 04 **添加助手** ❶ 选择"管理者代表"图形，❷ 选择"设计"选项卡，❸ 单击"添加形状"下拉按钮，❹ 选择"添加助理"选项。

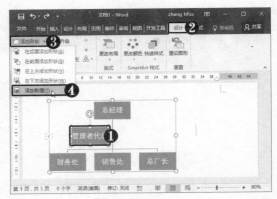

STEP 05 **输入文本**　在添加的助理图形中输入"助理"。

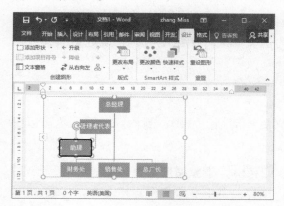

STEP 06 **添加同级形状**　❶ 选择"总厂长"图形，❷ 单击"设计"选项卡中的"添加形状"下拉按钮，❸ 选择"在后面添加形状"选项。

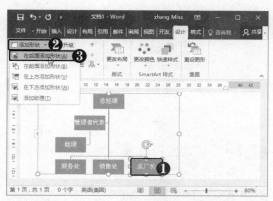

STEP 07 **添加图形并输入内容**　采用相同的方法添加多个同级图形，输入需要的内容。

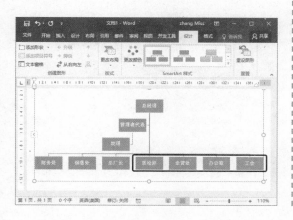

STEP 08 **添加子级形状**　❶ 选择"总厂长"图形，❷ 单击"设计"选项卡中的"添加形状"下拉按钮，❸ 选择"在下方添加形状"选项。

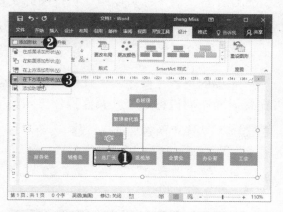

STEP 09 **添加其他子级形状**　采用相同的方法添加其他子级，输入需要的文本。

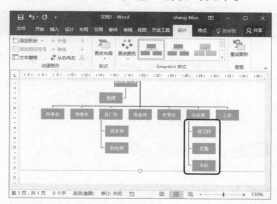

STEP 10 **单击"从左到右"按钮**　❶ 选择"设计"选项卡，❷ 单击"从右向左"按钮，即可将图形布局左右对称调换。

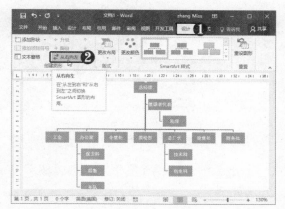

2.1.2 SmartArt 图形的设置

组织机构图制作完成后，为了使其更加美观，常常需要做一些调整或为图形应用 SmartArt 样式。下面将以组织机构图的设置为例，详细介绍组织机构布局的更改，以及 SmartArt 样式的使用方法。

1. 更改组织机构布局

布局的更改主要是为了使图形表达的含义更加清晰、准确，制作好的图形也可以根据需要对布局进行调整，具体操作方法如下。

STEP 01 选择"两者"选项 ❶ 选择"总厂长"图形，❷ 选择"设计"选项卡，❸ 单击"组织结构图布局"下拉按钮，❹ 选择"两者"选项。

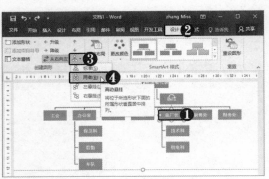

STEP 02 拖动图形 ❶ 选择"总厂长"及其下级图形，❷ 将其拖到"总经理"下方，以调整它所在的位置关系。

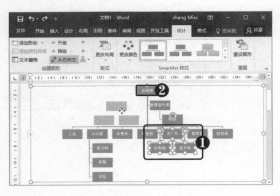

STEP 03 调整图形位置 ❶ 拖动"质检部"图形，使组织结构图总体上对称，❷ 选择"办公室"图形，❸ 单击"上移"按钮。

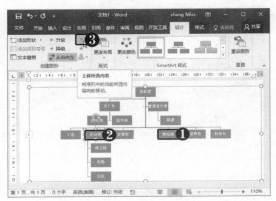

STEP 04 移动图形位置 对调整后的图形进行细微的移动。

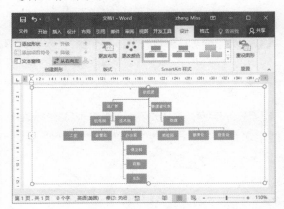

2. 应用 SmartArt 样式

设计好 SmartArt 图形后，可以使用 Word 2016 提供的多种样式进行修饰，具体操作方法如下。

STEP 01 更改颜色 ❶ 选择"设计"选项卡，❷ 单击"更改颜色"下拉按钮，❸ 选择一种合适的颜色方案。

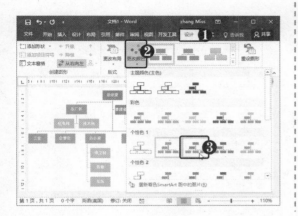

STEP 02 应用快速样式 ❶ 选择"设计"选项卡，❷ 单击"快速样式"下拉按钮，❸ 选择"强烈效果"选项。

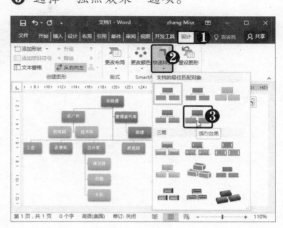

2.2 制作公司宣传单页

公司宣传单页的作用主要是宣传企业形象，更好地把企业的产品和服务展示给大众，在销售部门有着广泛的应用。一般的宣传单页都是运用专业的作图软件制作完成，其实灵活运用 Word 中的相关功能也能制作出漂亮的宣传单页。下面将以制作企业的宣传单页为例介绍其制作方法。

2.2.1 制作宣传页页头

企业宣传页的页头一般是由企业 Logo 和企业名称组成，应该简单明了，太过复杂反而会喧宾夺主。

1. 设置页面尺寸

宣传页的大小一般为标准的 A4 尺寸，设置页面大小的操作方法如下。

STEP 01 单击扩展按钮 新建 Word 文档，❶ 选择"布局"选项卡，❷ 单击"页面设置"组右下角的扩展按钮。

高手点拨

在页面外位置的标尺上双击也可弹出"页面设置"对话框，这样就不必切换到"布局"选项卡了。

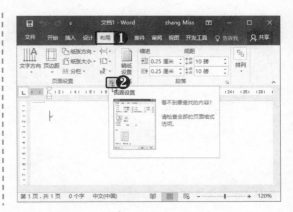

STEP 02 设置纸张大小 弹出"页面设置"对话框，❶ 选择"纸张"选项卡，❷ 单击"纸张大小"下拉按钮，❸ 选择 A4 选项。

STEP 03 设置页边距 ❶ 选择"页边距"选项卡，❷ 设置上、下、左、右的页边距均为"1.5 厘米"，❸ 单击"确定"按钮。

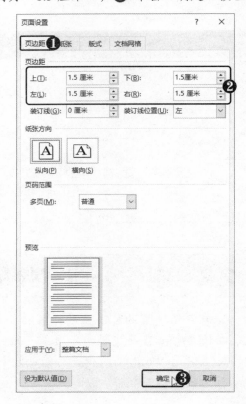

2. 添加企业 Logo 和企业名称

下面为页头添加企业 Logo 和企业名称，具体操作方法如下。

STEP 01 插入表格 ❶ 选择"插入"选项卡，❷ 单击"表格"下拉按钮，❸ 拖动鼠标插入一个 2 行 2 列的表格。

STEP 02 调整表格 合并第 1 列的两个单元格，调整表格的大小比例。选择第 1 个单元格，在"插入"选项卡下单击"图片"按钮。

STEP 03 选择图片文件 弹出"插入图片"对话框，❶ 选择 logo.jpg 文件，❷ 单击"插入"按钮。

STEP 04 调整图片大小 拖动图片四周的控制按钮，调整图片的大小。

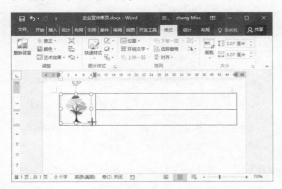

STEP 05 插入艺术字 ❶ 选择第2列中的第1个单元格，❷ 选择"插入"选项卡，❸ 在"文本"组中单击"艺术字"下拉按钮，❹ 选择一种艺术字样式。

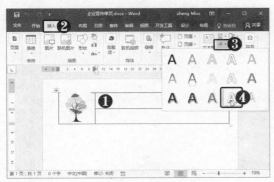

STEP 06 输入企业名称 在艺术字文本框中输入企业的名称。

STEP 07 设置艺术字字体格式 ❶ 选中艺术字，❷ 选择"开始"选项卡，❸ 在"字体"组中设置字体为"黑体"、字号为"小初"。

STEP 08 设置文本填充颜色 ❶ 选中艺术字，❷ 选择"格式"选项卡，❸ 在"艺术字样式"组中单击"文本轮廓"下拉按钮，❹ 选择填充颜色。

STEP 09 设置文字效果 保持艺术字选中状态，❶ 单击"文字效果"下拉按钮，❷ 选择"发光"选项，❸ 选择一种发光效果。

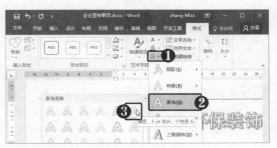

STEP 10 调整段落格式 ❶ 选中艺术字，❷ 选择"开始"选项卡，❸ 单击"段落"组右下角的扩展按钮。

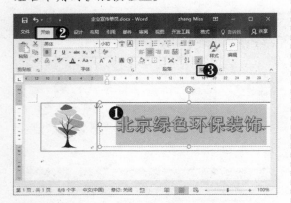

STEP 11 设置段落间距 ❶ 设置段前和段后的间距均为"0磅"，❷ 设置"行距"为"单倍行距"，❸ 单击"确定"按钮。

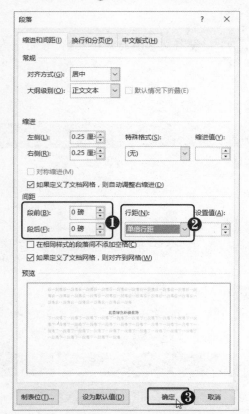

STEP 12 调整艺术字文本框大小 设置完成后，拖动艺术字文本框的控制按钮，调整文本框大小。

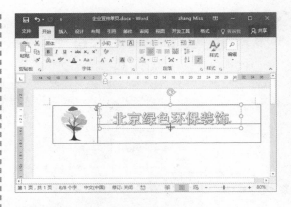

STEP 13 输入副标题 调整表格的大小，在表格第2列的第2个单元格中输入副标题，并设置其字体及段落格式。

STEP 14 插入矩形形状 ❶ 选择"插入"选项卡，❷ 单击"形状"下拉按钮，❸ 选择"矩形"选项。

STEP 15 绘制矩形形状 在文档中按住鼠标左键并拖至合适的位置后松开鼠标，即可完成矩形的绘制。

STEP 16 设置填充颜色 ❶ 选中矩形形状，❷ 在"格式"选项卡下单击"形状填充"下拉按钮，❸ 选择填充颜色。

STEP 17 设置形状轮廓 ❶ 单击"形状轮廓"下拉按钮，❷ 选择"无轮廓"选项。

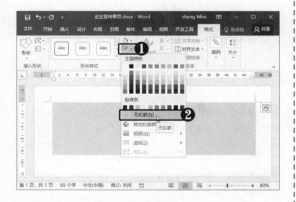

STEP 18 将形状置于底层 ❶ 右击矩形形状，❷ 在弹出的快捷菜单中选择"置于底层|衬于文字下方"命令。

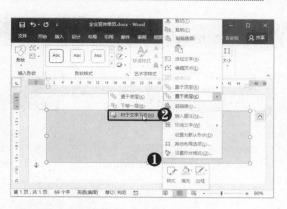

STEP 19 隐藏表格框线 ❶ 选中整个表格，❷ 选择"设计"选项卡，❸ 在"边框"组中单击"边框"下拉按钮，❹ 选择"无边框"选项。

STEP 20 设置 Logo 样式 ❶ 选中企业 Logo 图片，❷ 选择"格式"选项卡，❸ 在"图片样式"组中单击"快速样式"下拉按钮，❹ 选择"棱台形椭圆 - 黑色"选项。

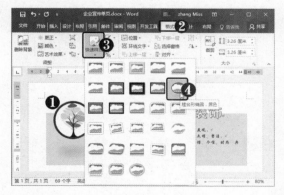

STEP 21 设置棱台阴影 ❶ 选择图片，❷ 在"图片样式"组中单击"图片效果"下拉按钮

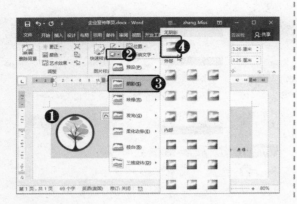 , ❸ 选择"阴影"选项。❹ 再选择"无阴影"选项。

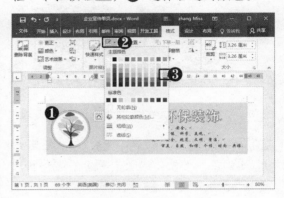 **STEP 22** 设置图片边框颜色 ❶ 选择图片，❷ 在"图片样式"组中单击"图片边框"下拉按钮 ✐▾，❸ 选择合适的颜色。

2.2.2 制作宣传页的正文

制作完宣传单页的页头后，接下来就需要制作宣传单页的正文了。宣传单页一般由文本内容和图片组合而成，下面将详细介绍正文的编排方法。

1．文本内容的编排

编排文本内容的具体操作方法如下。

STEP 01 复制正文文本 打开"企业宣传单页正文文字.txt"素材文档，将其中的文本复制粘贴到宣传页页头下方。

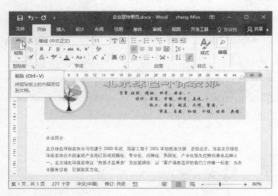

STEP 02 设置字体格式 ❶ 选中"企业简介"文字，❷ 在弹出的浮动工具栏中设置"字号"为"小四"，❸ 单击"加粗"按钮 B 。

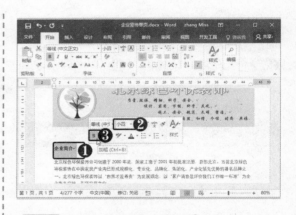

STEP 03 单击格式刷按钮 ❶ 选中"企业简介"文本，❷ 选择"开始"选项卡，❸ 在剪贴板中单击"格式刷"按钮 ❤ 。

🔲 高手点拨

在编辑文本时，换行有两种方式：按【Enter】键表示另起一段，将插入一个段落标记；按【Shift+Enter】组合键表示另起一行，将插入一个手动换行符。

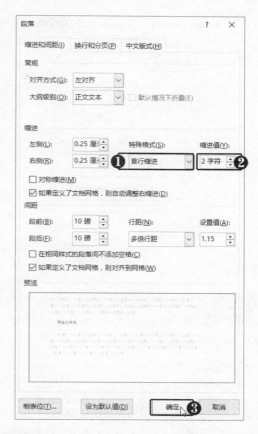

STEP 04 应用格式刷 当鼠标指针变为 形状时，选择"企业荣誉"文字，即可将"企业简介"的格式应用到该文字上。

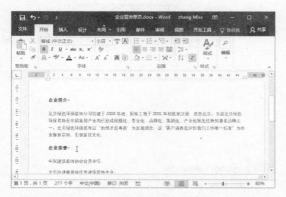

STEP 05 设置段落格式 ❶ 选择"企业简介"下方的段落文字，❷ 单击"段落"组右下角的扩展按钮 。

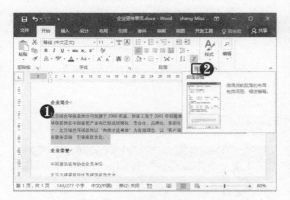

STEP 06 设置首行缩进 弹出"段落"对话框，❶ 在"特殊格式"下拉列表框中选择"首行缩进"选项，❷ 设置"缩进值"为"2 字符"，❸ 单击"确定"按钮。

STEP 07 定义新项目符号 ❶ 选择"企业荣誉"下方的段落文本，❷ 在"开始"选项卡下"段落"组中单击"项目符号"下拉按钮 ，❸ 选择"定义新项目符号"选项。

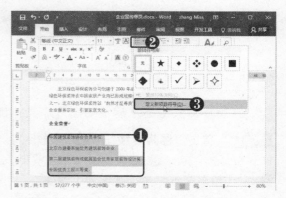

STEP 08 单击"符号"按钮 弹出"定义新项目符号"对话框，单击"符号"按钮。

STEP 09 **选择项目符号** 弹出"符号"对话框，❶ 在符号列表中选择合适的符号，❷ 单击"确定"按钮。

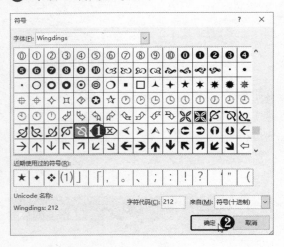

STEP 10 **预览新符号** 返回"定义新项目符号"对话框，在预览区域可预览项目符号效果，单击"确定"按钮。

高手点拨

在 Word 中输入或插入符号后，按【Tab】键，然后输入内容，按【Enter】键即可自动生成项目符号。

2. 插入图片

若想在正文中插入需要的图片，具体操作方法如下。

STEP 01 **单击"图片"按钮** ❶ 将光标定位到图片插入点，❷ 选择"插入"选项卡，❸ 在"插图"组中单击"图片"按钮。

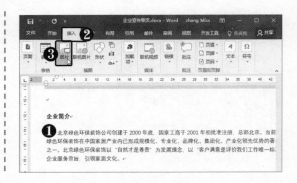

STEP 02 选择插入图片 弹出"插入图片"对话框，❶ 选择所需的图片，❷ 单击"插入"按钮。

STEP 03 选择布局选项 ❶ 拖动图片四周的控制柄，调整图片的大小。❷ 单击图片，❸ 单击弹出的"布局选项"按钮回，❹ 在弹出的选项中选择"四周型"。

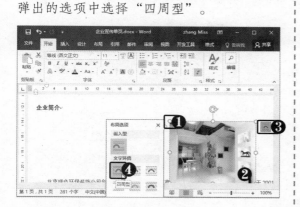

STEP 04 移动图片位置 单击图片后，用鼠标拖动图片至合适的位置。

高手点拨

在电脑中复制图片后，将其粘贴到Word 文档中也可以插入图片，还可以根据需要一次插入多张图片。

STEP 05 设置图片样式 ❶ 选择图片，❷ 选择"格式"选项卡，❸ 在"图片样式"组中单击"快速样式"下拉按钮，❹ 选择合适的样式选项。

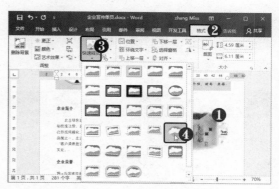

STEP 06 插入其他图片 采用同样的方法插入其他图片，并将它们移到合适的位置，为图片应用合适的样式。

2.2.3 制作宣传页的页尾内容

为了达到宣传单页的对称效果，可以在页尾中插入与页头相似的矩形形状，加入联系方式等，具体操作方法如下。

STEP 01 绘制矩形形状 ❶ 在底部插入矩形形状，❷ 在"格式"选项卡下单击"形状轮廓"下拉按钮 🖊·，❸ 选择"无轮廓"选项。

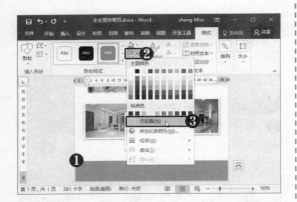

STEP 02 设置填充效果 ❶ 单击"形状填充"下拉按钮 🖊·，❷ 选择合适的颜色。

STEP 03 设置为渐变填充 ❶ 选择矩形形状，❷ 单击"形状填充"下拉按钮，❸ 选择"渐变"选项，❹ 选择"线性向左"选项。

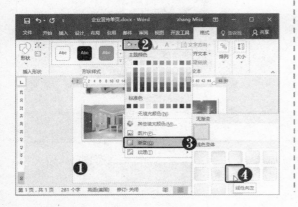

STEP 04 添加文字 ❶ 选中矩形并右击，❷ 在弹出的快捷菜单中选择"添加文字"命令。

STEP 05 输入文字 在形状中添加相应的内容，并设置字体、字号及段落间距。

STEP 06 添加分割线 选择矩形形状，按住【Ctrl】键的同时并按住鼠标左键，拖动其至页尾矩形形状上方合适位置，松开鼠标及【Ctrl】键完成复制，删除其中的文字。拖动矩形上方的控制柄调整其宽度，完成分割线的制作。采用同样的方法为页头下方也添加分割线。

2.3 制作员工工作证

工作证是员工在其单位工作的证件，是公司形象和认证的一种标志。工作证除了便于识别员工身份外，还可用于出入证明等其他用途。工作证的制作可以通过 Word 2016 的"形状"、"图片"、"文本框"与"艺术字"等功能完成。

2.3.1 设置工作证版面

一般工作证由公司名称、员工资料以及照片三大元素组成。下面将详细介绍如何设置工作证版面。

1. 设置工作证页面尺寸

工作证的标准尺寸为 8.55cm×5.4cm，现在也出现了稍大尺寸的工作证，可以根据公司提出的要求来制作，具体操作方法如下。

STEP 01 设置页边距 新建空白文档，打开"页面设置"对话框，将"页边距"的上、下、左、右均设置为"0.5 厘米"。

STEP 02 设置纸张大小 ❶ 选择"纸张"选项卡，❷ 设置"纸张大小"为"自定义大小"，❸ 设置"宽度"为"5.4 厘米"、"高度"为"8.55 厘米"，❹ 单击"确定"按钮。

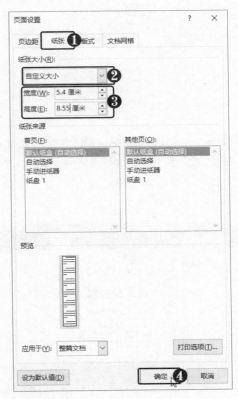

STEP 03 查看设置效果 此时即可查看设置完成后的页面效果。

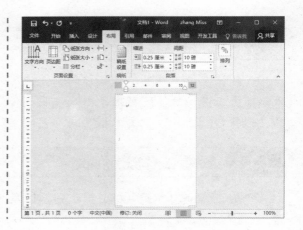

高手点拨

在"页面设置"对话框中选择"文档网络"选项卡，从中可设置文字排列方向、每行的字符数、每页的行数、跨度等。

2. 为工作证添加背景

为工作证添加背景图片可让其更加美观，具体操作方法如下。

STEP 01 绘制矩形形状 ❶ 选择"插入"选项卡，❷ 单击"插图"组中的"形状"下拉按钮，❸ 选择矩形形状。

STEP 02 设置形状填充 ❶ 在文档底部绘制矩形，❷ 选择"格式"选项卡，❸ 在"形状样式"组中单击"形状填充"下拉按钮，❹ 选择"图片"选项。

STEP 03 选择背景图片 弹出"插入图片"对话框，❶ 选择需要作为背景的图片，❷ 单击"插入"按钮。

STEP 04 设置矩形轮廓 ❶ 选中图片，❷ 在"形状样式"组中单击"形状轮廓"下拉按钮，❸ 选择"无轮廓"选项。

STEP 05 设置图片格式 ❶ 调整矩形形状的大小，❷ 单击"形状样式"组右下角的扩展按钮 ⏷，打开"设置图片格式"窗格。

STEP 06 设置透明度 ❶ 选择"填充"选项卡，❷ 设置"透明度"为合适的值，如45%。可以从左侧窗口查看效果进行调整。

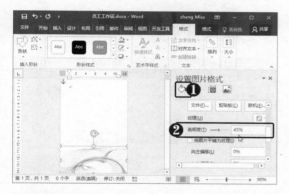

STEP 07 插入另一背景图片 采用同样的方法将另一张背景图片插入到文档上方，并设置其透明度。

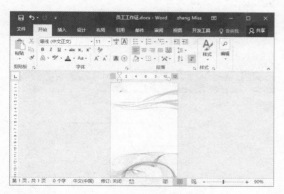

STEP 08 绘制矩形 再次在页面的页首处绘制一个较窄的矩形。

STEP 09 设置形状轮廓 ❶ 在"格式"选项卡下单击"形状轮廓"下拉按钮 ⏷，❷ 选择"无轮廓"选项。

STEP 10 设置渐变填充 单击"形状样式"组右下角的扩展按钮 ⏷，打开"设置形状格式"窗格。❶ 选择"填充"选项卡，❷ 选中"渐变填充"单选按钮，❸ 单击"预设渐变"下拉按钮，❹ 选择渐变类型。

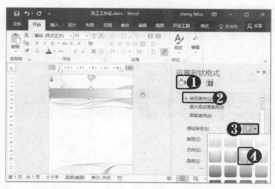

STEP 11 设置渐变方向 ❶ 设置填充"类型"为"线性"，❷ 单击"方向"下拉按钮，❸ 选择"线性向左"选项。

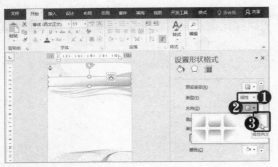

透明度等参数。

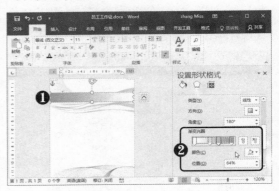

STEP 12 设置渐变光圈 ❶ 选择需要设置的"渐变光圈"，❷ 设置其颜色、位置和

3．添加证件文本内容

工作证背景设置完成后，接下来就可以为其添加文本内容了，具体操作方法如下。

STEP 01 输入公司名称 在文本插入点处输入公司名称，并对其进行字体与段落设置。

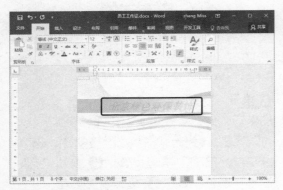

STEP 03 插入艺术字 ❶ 选择"插入"选项卡，❷ 单击"艺术字"下拉按钮，❸ 选择合适的字体样式。

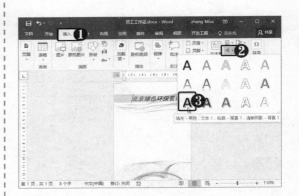

STEP 02 设置文本底纹 ❶ 选中矩形形状，❷ 选择"格式"选项卡，❸ 在"排列"组中单击"下移一层"下拉按钮，❹ 选择"衬于文字下方"选项。

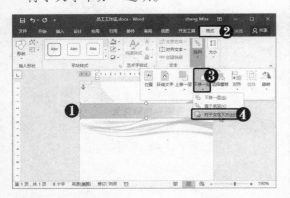

STEP 04 设置文字方向 跳转到"格式"选项卡，❶ 单击"文字方向"下拉按钮，❷ 选择"垂直"选项。

STEP 05 设置字体格式 设置字体大小及格式，拖动文本框将其移至合适的位置。

STEP 06 插入文本框 ❶ 选择"插入"选项卡，❷ 单击"文本框"下拉按钮，❸ 选择需要的文本框样式。

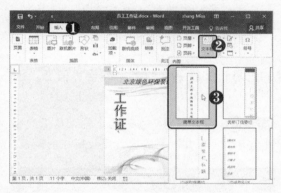

STEP 07 调整文本框大小 ❶ 选中文本框，❷ 选择"格式"选项卡，❸ 在"大小"组中设置文本框的大小。

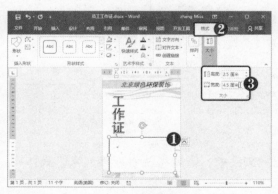

STEP 08 输入并设置文本 在文本框中输入文本内容，设置文本的字体、字号及段落间距等。

STEP 09 绘制下划线 ❶ 选择"开始"选项卡，❷ 将光标定位到"姓名："后，❸ 单击"下划线"按钮 U，按空格键绘制下划线。采用同样的方法为其他两项绘制下划线。

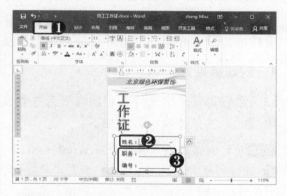

STEP 10 设置文本框样式 ❶ 选中文本框，❷ 选择"格式"选项卡，❸ 在"形状样式"组中设置"形状填充"为"无填充颜色"，设置"形状轮廓"为"无轮廓"。

STEP 11 绘制矩形形状 绘制矩形，并将其放置到文档中的合适位置。

线"样式,查看最终效果。

STEP 12 **设置形状样式** 设置矩形的"形状填充"为"白色",设置"形状轮廓"为"虚

2.3.2 工作证的批量生成

工作证的需求并不是少量的,批量制作工作证可以提高工作效率。下面以批量制作工作证为例,介绍邮件合并功能的使用方法。

1. 创建数据源

数据源是一个文件,它包含要合并到文档的信息,如姓名、职务、编号等信息。创建数据源的具体操作方法如下。

STEP 01 **创建表格** 新建空白 Word 文档,❶ 选择"插入"选项卡,❷ 单击"表格"下拉按钮,❸ 根据需要的行和列插入表格。

STEP 02 **输入信息** 在表格中输入员工的相关信息,"照片"列需输入照片所在的路径。

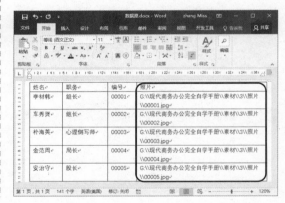

2. 将文档连接到数据源

要将创建好的数据源合并到"员工工作证"文件中,需要将两者连接起来,具体操作方法如下。

STEP 01 **选择"使用现有列表"选项** ❶ 选择"邮件"选项卡,❷ 在"开始邮件合并"

组中单击"选择收件人"下拉按钮,❸ 选择"使用现有列表"选项。

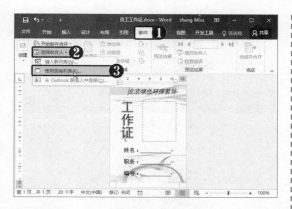

作为文档数据源的文件，❷ 单击"打开"按钮。

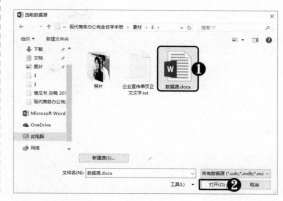

STEP 02　选择数据源文件　弹出"选取数据源"对话框，❶ 在文件列表中选择要

3．插入合并域

选择数据源后，"邮件"选项卡下"编写和插入域"组中的工具变为可用状态。在完成邮件合并后，Word 2016 会将这些域替换为对应的实际信息。在文档中插入合并域的具体操作方法如下。

STEP 01　选择"姓名"选项　❶ 将光标定位到文档"姓名"文本后，❷ 在"邮件"选项卡下的"编写和插入域"组中单击"插入合并域"下拉按钮，❸ 选择"姓名"选项。

STEP 03　插入其他合并域　采用同样的方法插入"职务"和"编号"域名，单击"预览结果"组中的"预览结果"按钮即可预览效果，再次单击可取消预览。

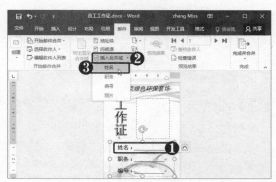

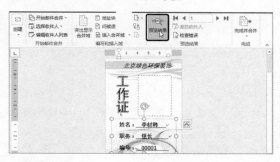

STEP 02　显示相关域　选择完成后，在"姓名"文本后即可显示相关域名，删除多余的下划线。

STEP 04　定位插入点　❶ 选择照片框并右击，❷ 选择"添加文本"命令，此时文本插入点定位在照片框中。

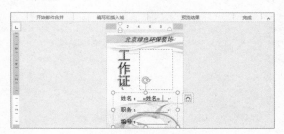

STEP 05 设置字体颜色 ❶ 选择"开始"选项卡，❷ 在"字体"组中将字体颜色设置为黑色。

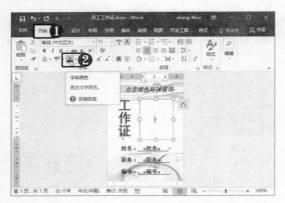

STEP 06 插入域 ❶ 选择"插入"选项卡，❷ 在"文本"组中单击"文档部件"下拉按钮🔲，❸ 选择"域"选项。

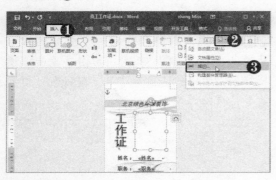

STEP 07 选择域类型 弹出"域"对话框，❶ 在"域名"列表框中选择 IncludePicture 选项，❷ 在"域属性"文本框中输入任意文本，如 picture，❸ 单击"确定"按钮。

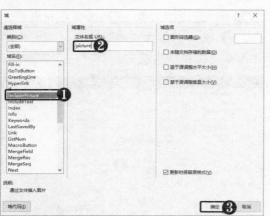

STEP 08 显示域信息 选中图片域，按【Alt+F9】组合键显示隐藏的域信息。在此选中 Picture。

STEP 09 插入合并域 ❶ 在"邮件"选项卡下单击"插入合并域"下拉按钮，❷ 选择"照片"选项。

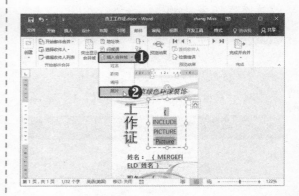

STEP 10 显示照片 插入照片后，再次按【Alt+F9】组合键，即可显示相关照片。若不显示，可按【F9】键刷新；若显示同一张照片，可按【F9】键逐个刷新。

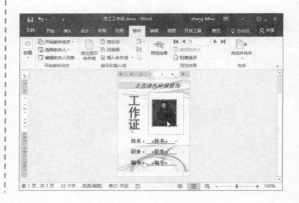

4. 完成并合并

执行邮件合并后会自动创建一个新的文档"信函1",下面将详细介绍如何执行邮件合并,具体操作方法如下。

STEP 01 选择"编辑单个文档"选项 ❶ 在"邮件"选项卡下"完成"组中单击"完成并合并"下拉按钮,❷ 选择"编辑单个文档"选项。

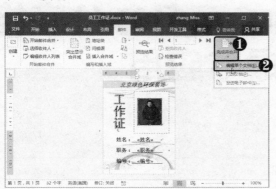

STEP 02 合并到新文档 弹出"合并到新文档"对话框,此时默认选中"全部"单选按钮,保持默认设置,单击"确定"按钮。

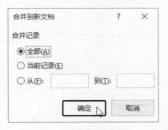

STEP 03 查看合并效果 返回文档窗口,此时将自动创建名称为"信函1"的新文档,

文档中显示合并效果,并在当前页显示第一条记录。

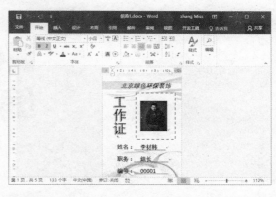

STEP 04 保存文档 将新文档以"批量员工工作证"为名进行保存。双击打开保存后的文档,❶ 选择"视图"选项卡,❷ 在"显示方式"组中单击"多页"按钮,❸ 调整显示比例,查看合并后的所有记录。

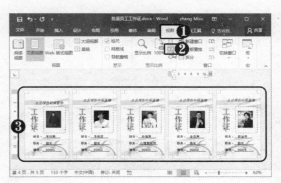

Chapter

03

Word 商务办公表格的编辑与应用

在 Word 中除了可以快速创建各种各样的表格外,还可以很方便地修改或调整表格。在表格中可以输入文字或数据,还可以为表格或单元格添加各种边框和底纹。此外,还可以对表格中的数据进行运算或排序等。

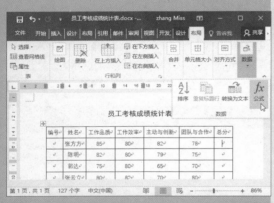

计算表格数据

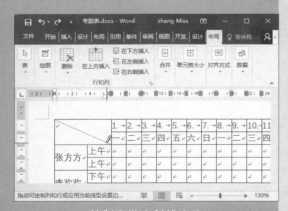

绘制考勤表斜线表头

3.1 制作员工考核成绩统计表

3.2 制作优秀员工推荐表

3.3 制作考勤表

3.1 制作员工考核成绩统计表

员工考核成绩统计表是一种大部分单元格均为划分整齐的行和列的表格。这种表格的创建可以通过"插入表格"功能快速插入整齐的表格，然后通过"合并单元格"和"拆分单元格"对表格进行必要的调整，使其符合部分不规则区域。

3.1.1 创建员工考核成绩统计表

员工考核成绩统计表的创建过程涉及到表格的多种操作，如设置单元格格式、表格的行高与列宽、文字对齐方式等。下面将通过创建该表来介绍 Word 中表格的基本操作。

1. 插入表格

在 Word 2016 中有多种创建表格的方法，因为员工考核成绩统计表中有大量的整齐行和列，所以可以直接使用"插入表格"命令来创建表格，具体操作方法如下。

STEP 01 选择"插入表格"选项　新建 Word 文档，❶ 选择"插入"选项卡，❷ 单击"表格"下拉按钮，❸ 选择"插入表格"选项。

STEP 02 设置行列数　弹出"插入表格"对话框，❶ 设置"列数"为 7、"行数"为 15，❷ 单击"确定"按钮。

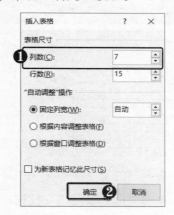

高手点拨

在"插入表格"对话框中，选中"固定列宽"单选按钮，则创建表格的列宽相等且固定；选中"根据内容调整表格"单选按钮，则创建的表格宽度随单元格内容多少变化；选中"根据窗口调整表格"单选按钮，则创建的表格宽度与页面宽度一致，并随纸张大小发生改变。

---

2. 合并和拆分单元格

员工考核成绩统计表中还包含部分不规则单元格，下面通过"合并单元格"和"拆分单元格"功能来创建其余不规则区域，具体操作方法如下。

STEP 01 **单击"合并单元格"按钮** ❶ 选择第 1 列最后的两个单元格，❷ 选择"布局"选项卡，❸ 在"合并"组中单击"合并单元格"按钮。

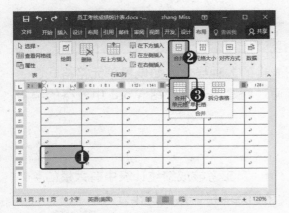

STEP 02 **合并其他单元格区域** 采用同样的方法将表格底部的其他单元格合并。

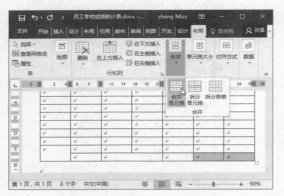

STEP 03 **单击"拆分单元格"按钮** ❶ 选择表格底部中间的单元格，❷ 在"布局"选项卡下单击"拆分单元格"按钮。

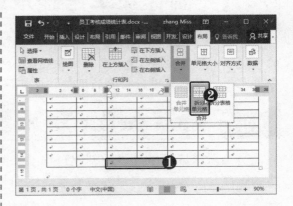

STEP 04 **设置行列数** 弹出"拆分单元格"对话框，❶ 设置"列数"为 1、"行数"为4，❷ 单击"确定"按钮。

STEP 05 **查看拆分效果** 此时即可查看拆分单元格后的表格效果。

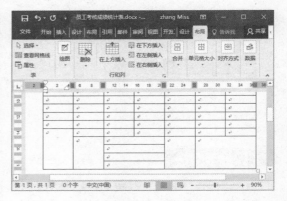

3．输入表格内容

表格的基本框架创建完成后，就需要输入表格内容了，具体操作方法如下。

STEP 01 **添加标题** 选择表格第一行中的第 1 个单元格，按【Enter】键即可在表格上方插入一个空行，在该行中输入表格的

标题内容，并设置标题文字的字体及对齐方式。

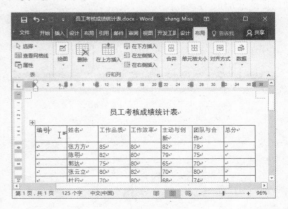

员工考核成绩统计表						
编号	姓名	工作品质	工作效率	主动与创新	团队与合作	总分
	张方方	85	80	82	78	
	陈明	82	80	79	75	
	郭达	75	80	65	70	
	张云立	80	82	70	80	
	杜行	70	80	68	74	
	李玉	60	65	57	78	
	王聪聪	70	75	80	60	
	刘洋	65	58	78	86	
	赵玉玲	67	85	64	68	
	周小杰	80	77	67	70	
	马国华	68	87	84	69	
	崔敏	78	80	80	78	
统计结果	平均分					
	评语			考核者签字		

STEP 02 输入其他单元格内容 在表格中的其他单元格内输入需要的文字内容。

4．设置单元格边距

单元格边距即单元格内容距边框的距离，用户可以根据需要设置单元格边距的大小。本例因首行的每个单元格文字都比较多，无法一行显示完成，导致表格的首行行高增大。下面将通过设置单元格边距来调整行高，具体操作方法如下。

STEP 01 单击"单元格边距"按钮 ❶ 单击表格左上方的全选按钮田，选中整个表格，❷ 选择"布局"选项卡，❸ 在"对齐方式"组中单击"单元格边距"按钮。

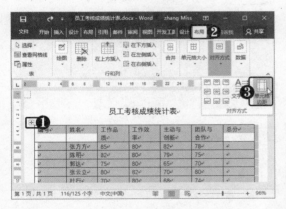

STEP 02 设置单元格边距 弹出"表格选项"对话框，❶ 设置单元格边距的上、下均为"0厘米"，左、右均为"0.05厘米"，❷ 单击"确定"按钮。

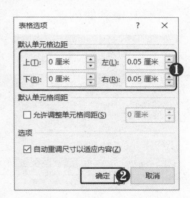

STEP 03 查看设置效果 设置单元格边距完成后，可以发现单元格内的文字变得靠近边框框线了。

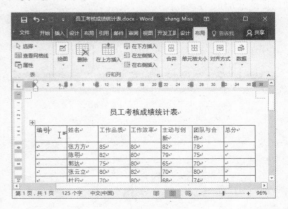

5. 设置表格的行高和列宽

表格的行高和列宽可以根据输入的内容进行自动调整，但这种调整是根据表格当下的设置来增大行高或列宽的值。用户可以根据排版需求来设置行高和列宽，具体操作方法如下。

STEP 01 **调整列宽** 将鼠标指针指向首行中第1个单元格的右侧边线，当指针呈 ↔ 形状时拖动边线即可调整该列单元格的列宽。

STEP 02 **调整其他列的列宽** 采用同样的方法，根据需要调整其他列的列宽，使单元格中的文字可以不换行。

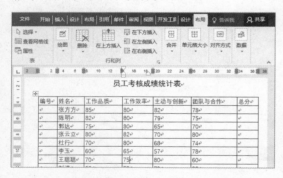

STEP 03 **设置列宽相等** ❶ 选中要设置相等列宽的相邻列"工作品质"和"工作效率"，❷ 在"布局"选项卡下"单元格大小"组中单击"分布列"按钮。

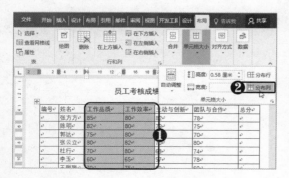

STEP 04 **设置其他列宽** 此时选中两列的列宽已经调整为相等。采用同样的方法，设置"主动与创新"和"团队与合作"两列列宽相等。

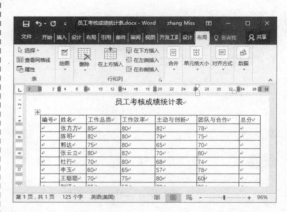

STEP 05 **单击"属性"按钮** ❶ 单击表格左上方的全选按钮 ⊞，选中整个表格，❷ 选择"布局"选项卡，❸ 在"表"组中单击"属性"按钮。

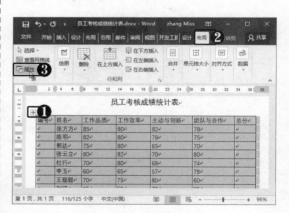

STEP 06 **指定行高** 弹出"表格属性"对话框，❶ 选择"行"选项卡，❷ 选中"指定高度"复选框，并设置值为"0.8厘米"，❸ 单击"确定"按钮。

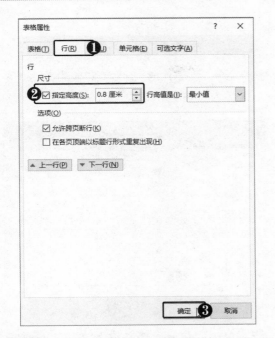

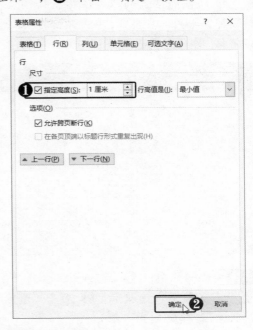

话框，❶ 设置行高的"指定高度"为"1
厘米"，❷ 单击"确定"按钮。

STEP 07 单击"属性"按钮　❶ 选中表格
下方的部分单元格，❷ 在"布局"选项卡
下单击"属性"按钮。

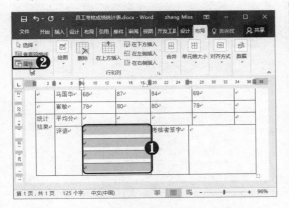

STEP 08 设置行高　弹出"表格属性"对

STEP 09 查看设置效果　行高设置完成，查
看表格设置效果。

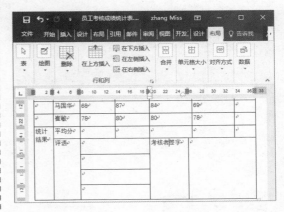

高手点拨

　　调整单个单元格的宽度：拖动单元格一侧的边线，会导致整列宽度一起变化，不能实现
单个单元格宽度的调整。此时，要先选中需要调整边线所在的单元格或单元格区域，再拖动
该边线进行调整，即可实现单个单元格宽度的调整。

6. 行、列的添加与删除操作

　　在表格的创建过程中，经常会遇到行或列的变动。当表格的行或列需要增加或减少时，可以通过行、列的添加与删除操作来完成，具体操作方法如下。

STEP 01 **快速插入列** 将鼠标指针移到表格顶部第 1 列的右上方，单击弹出的"添加"按钮⊕，在第 1 列后方添加一列。

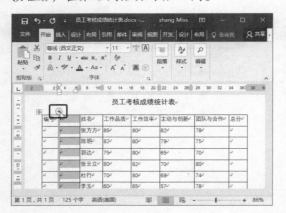

STEP 02 **删除列** ❶ 选中要删除的列，❷ 选择"布局"选项卡，❸ 单击"删除"下拉按钮，❹ 选择"删除列"选项。

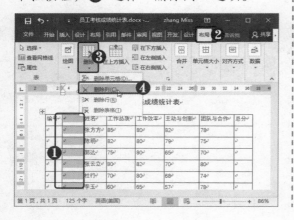

STEP 03 **插入行** ❶ 将鼠标指针定位于表格最后一行，❷ 在"行和列"组中单击"在下方插入"按钮。

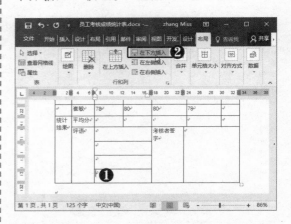

STEP 04 **合并单元格并输入文字** 根据需要合并插入行的部分单元格，并输入文字内容。

高手点拨

　　要插入多行或多列，只需选中相应项目的行或列后再进行插入操作；要删除行、列或单元格，可将其选中后按【Backspace】键。

7. 设置单元格对齐方式

　　在 Word 2016 中既可以设置表格的对齐方式，也可以设置单元格的对齐方式。下面将介绍如何设置单元格对齐方式，具体操作方法如下。

STEP 01 **设置所有单元格水平居中对齐** ❶ 单击表格左上方的全选按钮⊞，选中整个表格，❷ 选择"布局"选项卡，❸ 在"对齐方式"组中单击"水平居中"按钮▤。

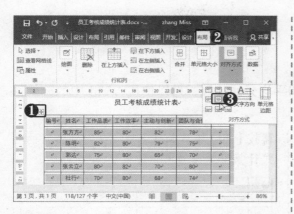

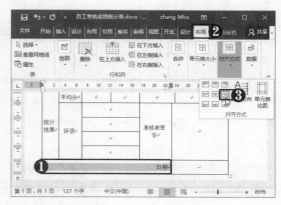

下"对齐方式"组中单击"中部右对齐"按钮。

STEP 02 设置部分单元格右对齐　❶ 选择"日期"单元格，❷ 在"布局"选项卡

高手点拨

　　选中整个表格后，在"开始"选项卡下"段落"组中单击"居中"按钮，可将整个表格相对于页面进行居中对齐。

---

8. 调整单元格文字方向

　　在表格中有些内容需要竖排显示，用户可以调整单元格内的文字方向，具体操作方法如下。

STEP 01 单击"文字方向"按钮　❶ 选择"统计结果"文字，❷ 在"布局"选项卡下"对齐方式"组中单击"文字方向"按钮。

STEP 02 设置字符间距　此时文字方向将改为竖排显示，设置文字的字符间距为 1.5 磅，查看设置效果。

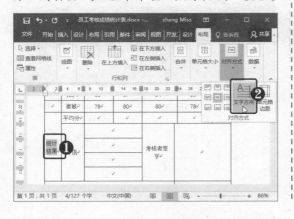

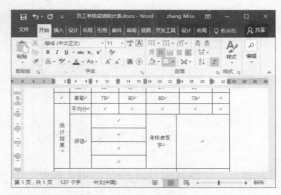

3.1.2　计算表格数据

　　在 Word 文档中插入的表格虽没有 Excel 中表格的功能强大，但它也具有基本的数据功能。下面将详细介绍如何在 Word 表格中进行数据的基本计算、数据的排序、插入

编号及日期等。

1. 计算表格数据

在员工考核成绩统计表中涉及到总分和平均分的计算，可以使用 Word 中的公式快速得出结果，具体操作方法如下。

STEP 01 计算总分 ❶ 将鼠标指针定位于"总分"列的第 1 个单元格内，❷ 选择"布局"选项卡，❸ 在"数据"组中单击"公式"按钮。

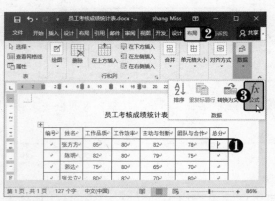

STEP 02 输入公式 弹出"公式"对话框，❶ 在"公式"文本框中输入公式"=SUM（LEFT）"，计算左侧单元格数据之和，❷ 单击"确定"按钮。

STEP 03 计算其余单元格 此时"总分"下方的第 1 个单元格内显示计算结果，选择该计算结果，按【Ctrl+C】组合键复制该结果，选择"总分"列下方的其余单元格，按【Ctrl+V】组合键粘贴该结果到选择的单元格内，粘贴后结果仍为第 1 行的计算结果，

需按【F9】键更新域代码，即可使各行的公式计算出对应的求和结果。

编号	姓名	工作品质	工作效率	主动与创新	团队与合作	总分
	张方方	85	80	82	78	325
	陈明	82	80	79	75	316
	郭达	75	80	65	70	290
	张云立	80	82	70	80	312
	杜行	70	80	68	74	292
	李玉	60	65	57	78	260
	王聪聪	70	75	80	60	285
	刘洋	65	58	78	86	287
	赵玉玲	67	85	64	68	284
	周小杰	77	80	67	70	294
	马国华	68	87	84	69	308
	崔敏	78	80	80	78	316
平均分						

STEP 04 计算平均分 ❶ 将鼠标指针定位于"平均分"行中的第 1 个单元格内，❷ 在"布局"选项卡下"数据"组中单击"公式"按钮。

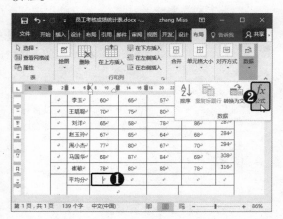

STEP 05 输入公式 弹出"公式"对话框，❶ 在"公式"文本框中输入公式"=AVERAGE（ABOVE）"，计算上方单元格数据的平均值，❷ 单击"确定"按钮。

STEP 06 **计算其他单元格** 采用同样的方法，将公式计算的结果复制到其他单元格内，并按【F9】键更新计算结果。

2. 数据排序

在 Word 2016 中可以按照递增或递减的顺序将表格内容按笔画、数字、拼音或日期等进行排序。下面对总分进行排序，具体操作方法如下。

STEP 01 **单击"排序"按钮** ❶ 在"总分"列中选择所有总分数据单元格，❷ 选择"布局"选项卡，❸ 在"数据"组中单击"排序"按钮。

STEP 02 **设置排序方式** 弹出"排序"对话框，❶ 设置"主要关键字"为按列 7 降序排序，❷ 单击"确定"按钮。

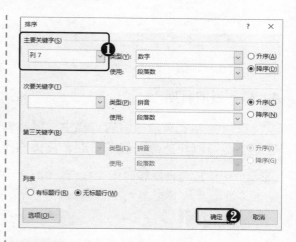

STEP 03 **查看排序结果** 此时表格中的数据就会按总分的降序进行排序。

编号	姓名	工作品质	工作效率	主动与创新	团队与合作	总分
	张方方	85	80	82	78	325
	陈明	82	80	79	75	316
	崔敏	78	80	80	78	316
	张云立	80	82	70	80	312
	马国华	68	87	84	69	308
	周小杰	77	80	67	70	294
	杜行	70	80	68	74	292
	郭达	75	80	65	70	290
	刘洋	65	58	78	86	287
	王聪聪	70	75	80	60	285
	赵玉玲	67	85	64	68	284
	李玉	60	65	57	78	260
平均分		73.08	77.67	72.83	73.83	297.42

3. 插入编号

使用 Word 中的编号功能可以为连续的单元格快速插入连续的数字编号。下面以为"编号"列插入数字编号为例进行介绍，具体操作方法如下。

STEP 01 **选择编号样式** ❶ 选择要插入编号的单元格区域，❷ 在"开始"选项卡下"段落"组中单击"编号"下拉按钮，❸ 选择合适的编号样式。

STEP 02 **查看编号效果** 此时即可查看插入编号后的效果。

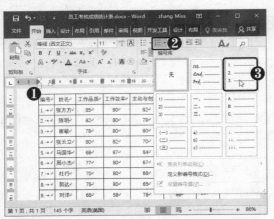

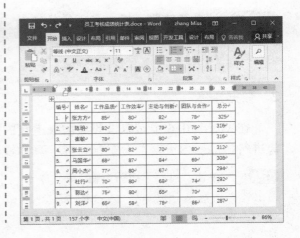

4. 插入当前日期

在商务办公文档的编辑过程中，经常需要添加当前的日期，通过 Word 的插入当前日期功能可以快速插入当前日期，具体操作方法如下。

STEP 01 **单击"日期和时间"按钮** ❶ 选择表格右下角的日期单元格，❷ 选择"插入"选项卡，❸ 在"文本"组中单击"日期和时间"按钮。

STEP 02 **选择日期格式** 弹出"日期和时间"对话框，❶ 在"可用格式"列表框中选择合适的日期格式，❷ 单击"确定"按钮。

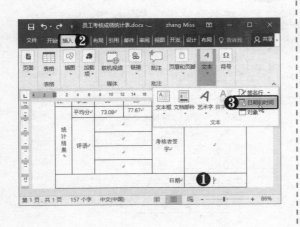

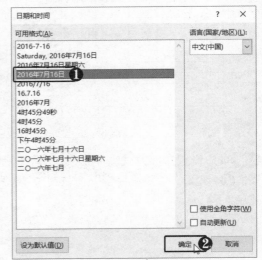

5. 设置标题行重复

如果表格中的数据量过多，可能需要占用一页以上的页面。此时可以使用标题行重复功能，使标题内容在每一页的表格顶部都能显示，具体操作方法如下。

STEP 01 插入多行 ❶ 将鼠标指针定位于第 3 行单元格，❷ 在"布局"选项卡下"行和列"组中多次单击"在下方插入"按钮插入多行，以使表格扩展到下一页。

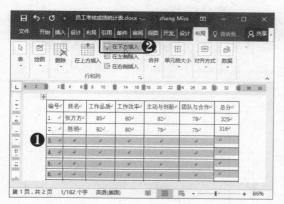

STEP 02 查看添加多行效果 此时即可查看添加多行后的表格效果。

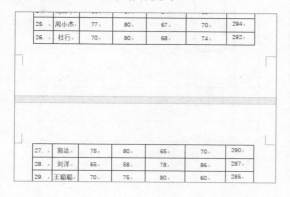

STEP 03 设置重复标题行 ❶ 选择需要重复显示的标题行，❷ 选择"布局"选项卡，❸ 在"数据"组中单击"重复标题行"按钮。

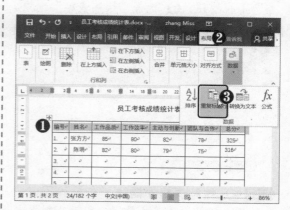

STEP 04 查看设置效果 重复标题行设置完成后，将在第 2 页的首行上方自动添加标题行。

编号	姓名	工作品质	工作效率	主动与创新	团队与合作	总分
27.	郭达	75	80	65	70	290
28.	刘洋	65	58	78	86	287
29.	王聪聪	70	75	80	60	285
30.	赵玉玲	67	85	64	68	284
31.	李玉	60	65	57	78	260
	平均分	73.08	77.67	72.83	73.83	297.42
统计结						
	考核者签					

3.2 制作优秀员工推荐表

在商务办公中，许多事项都需要通过表格来完成，其中经常会用到一些不规则的表格。下面将以制作优秀员工推荐表为例，详细介绍 Word 2016 中不规则表格的绘制及相关操作。

3.2.1 创建优秀员工推荐表

优秀员工推荐表通常可以使用统一格式的表格，制作完成的表格可以多次利用。涉及到部分内容的增减时，可以使用表格的绘制和橡皮擦等功能进行更改。

1．手动绘制表格

在制作不规则的表格时，插入表格反而会使表格的创建过程变得复杂，这时可以使用绘制表格功能进行手动绘制，具体操作方法如下。

STEP 01 选择"绘制表格"选项　新建 Word 文档，❶ 选择"插入"选项卡，❷ 单击"表格"下拉按钮，❸ 选择"绘制表格"选项。

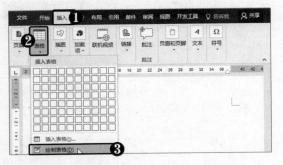

STEP 02 绘制表格外框线　在编辑区中按住鼠标左键并向右下方拖动，即可绘制出表格的外框线。

STEP 03 绘制表格内部线条　在表格边框内，按住鼠标左键并向右水平拖动鼠标绘制直线，对表格结构进行划分。

STEP 04 绘制其他线条　若退出绘制状态后想再次对表格进行绘制，可选择表格，选择"布局"选项卡，在"绘图"组中单击"绘制表格"按钮，进入表格绘制状态。按照上面的方法根据需要完成表格的绘制，按【Esc】键退出表格绘制状态。

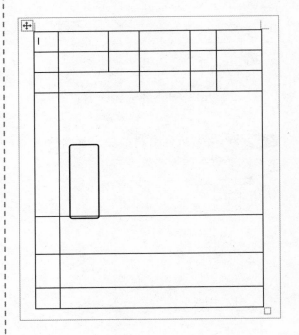

高手点拨

插入斜线表头的两种方法：一是在"设计"选项卡下"边框"组中单击"边框"下拉按钮，选择"斜下边框"或"斜上边框"选项，插入斜线表头；二是按住鼠标左键从单元格左上角拖到右下角，即可绘制出斜下边框。

2．修正表格线条

在绘制表格的过程中，如果绘制的线条需要更改，可以使用"橡皮擦"工具擦除，具体操作方法如下。

STEP 01 单击"橡皮擦"按钮　❶ 选择"布局"选项卡，❷ 在"绘图"组中单击"橡皮擦"按钮。

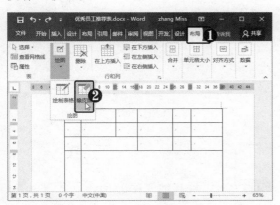

STEP 02 擦出错误的线条　当鼠标指针呈 形状时，在错误边线上单击鼠标左键或按下鼠标左键并拖动，均可将该线条擦除。

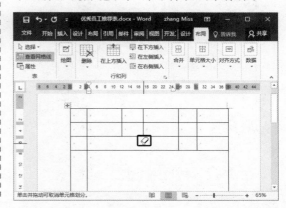

3．添加内容并设置格式

表格绘制完成后，即可向表格内添加内容并设置合适的格式，具体操作方法如下。

STEP 01 输入标题　将鼠标指针定位于表格第 1 行的第 1 个单元格内，按【Enter】键确认，即可在表格上方插入一个空行。在空行中输入标题，并设置合适的字体格式。

STEP 02 输入其他单元格内容　在表格的其他单元格内输入相应的文字内容。

STEP 03 设置段落格式 选中文字"所在部门",打开"段落"对话框,❶ 设置间距的"段前"和"段后"值均为"0磅",❷ 设置"行距"为"单倍行距",❸ 单击"确定"按钮。

STEP 04 设置文字方向 ❶ 选中需要设置的文字,❷ 选择"布局"选项卡,❸ 在"对齐方式"组中单击"文字方向"按钮,将文字改为竖排显示,❹ 单击"中部居中"按钮⊞。

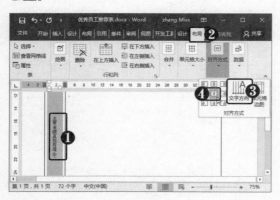

STEP 05 设置文字间距 选中文字,打开"字体"对话框,❶ 选择"高级"选项卡,❷ 在"间距"下拉列表框中选择"加宽"选项,设置"磅值"为"2磅",❸ 单击"确定"按钮。

STEP 06 设置其他文字方向 设置其他需要更改方向的文字,将其更改为竖排显示。

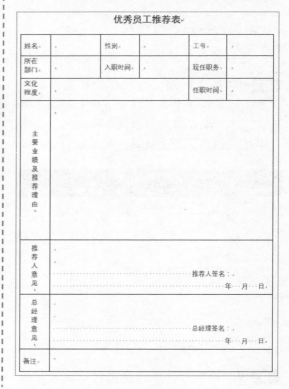

3.2.2 设置表格样式

在 Word 2016 中预设了多种表格样式,可以通过应用这些表格样式来快速修饰表格,使表格更加美观。如果需要，还可对应用的样式进行修改，使其更加符合自己的要求。

1. 快速应用表格样式

为表格应用预设的表格样式，可以达到快速修饰表格的目的，具体操作方法如下。

STEP 01 选择表格样式 ❶ 选择表格，❷ 选择"设计"选项卡，❸ 单击"表格样式"的"其他"按钮⏷，选择合适的样式。

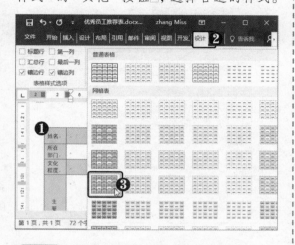

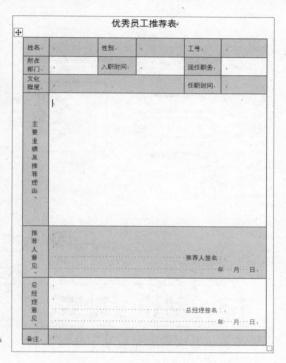

STEP 02 查看表格效果 此时即可查看应用表格样式后的表格效果。

2. 修改表格样式

应用的表格样式可以进行修改，使其更符合要求，更彰显个性。修改完成的表格样式还可以应用于其他表格。下面将介绍修改表格样式的方法，具体操作方法如下。

STEP 01 选择"修改表格样式"选项 ❶ 选择表格，❷ 选择"设计"选项卡，❸ 单击"表格样式"组中的"其他"按钮⏷，❹ 选择"修改表格样式"选项。

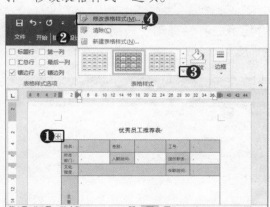

STEP 02 选择"边框和底纹"选项 弹出"修改样式"对话框，❶ 在左下方单击"格式"下拉按钮。❷ 选择"边框和底纹"选项。

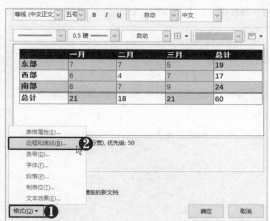

STEP 03 设置边框样式 ❶ 在左侧单击"自定义"按钮。❷ 设置边框样式。❸ 在预览图示中单击应用边框样式。❹ 依次单击"确定"按钮。

STEP 04 查看设置效果 样式修改完成,查看表格效果。

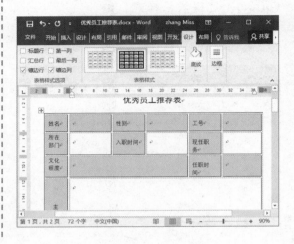

3.3 制作考勤表

考勤表是公司员工每天上班时间的记录,也是员工核算工资的凭据。考勤表包括具体的上下班时间、迟到、早退、旷工、病假、事假与休假等。下面将通过介绍制作考勤表的过程来讲解 Word 表格的更多功能操作。

3.3.1 创建表格

考勤表的单元格排列属于规则型,可以先创建典型的一部分表格,然后通过复制粘贴操作来完成整个表格的创建。

1. 使用网格创建表格

前面介绍了两种表格的创建方式,下面将介绍另一种快速创建表格的方法,具体操作方法如下。

STEP 01 设置纸张方向 新建 Word 文档,❶ 选择"布局"选项卡,❷ 单击"纸张方向"下拉按钮,❸ 选择"横向"选项。

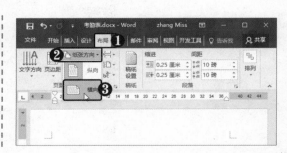

STEP 02 创建表格 ❶ 选择"插入"选项卡，❷ 单击"表格"下拉按钮，❸ 在弹出列表的网格中移动鼠标选择 9×4 的网格后单击，确认创建表格。

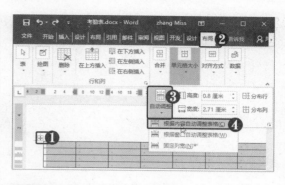

STEP 03 设置单元格大小 ❶ 单击表格左上角的全选按钮⊞，选中整个表格，❷ 选择"布局"选项卡，❸ 在"单元格大小"组中单击"自动调整"下拉按钮，❹ 选择"根据内容自动调整表格"选项。

STEP 04 输入文字内容 ❶ 将表格左上角的 4 个单元格合并，❷ 在表格的单元格内输入文字内容。

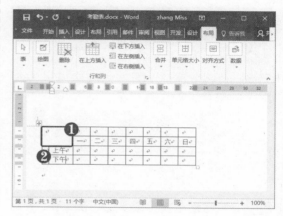

2. 复制粘贴表格

下面通过复制粘贴操作来组合整个表格，具体操作方法如下。

STEP 01 设置单元格边距 ❶ 单击表格左上角的全选按钮⊞，选中整个表格，❷ 选择"布局"选项卡，❸ 在"对齐方式"组中单击"单元格边距"按钮。

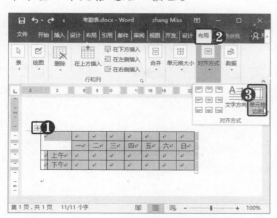

STEP 02 设置表格选项 弹出"表格选项"对话框，❶ 设置单元格边距上、下、左、右均为"0 厘米"，❷ 单击"确定"按钮。

STEP 03 复制表格 ❶ 选中第 3 列到第 9 列的全部单元格，❷选择"开始"选项卡，❸、在"剪贴板"组中单击"复制"按钮。

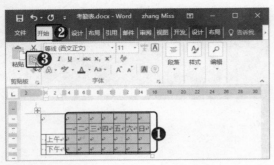

STEP 04 粘贴表格 ❶ 将鼠标指针定位于表格第 1 行的后方，❷ 在"剪贴板"组中单击"粘贴"按钮，粘贴选中的单元格。

STEP 05 粘贴多次 重复上一步操作，多次粘贴选中的单元格区域，在表格后方删除多余的列。

STEP 06 插入日期 ❶ 选中第 1 行的后面部分单元格，❷ 选择"开始"选项卡，❸ 在"段落"组中单击"编号"下拉按钮 ，❹ 选择合适的数字编号。

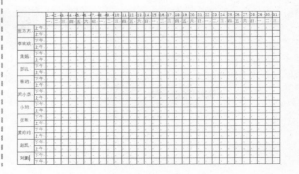

STEP 07 复制表格 ❶ 选中第 3 行与第 4 行的全部单元格，❷ 选择"开始"选项卡，❸ 在"剪贴板"组中单击"复制"按钮 。

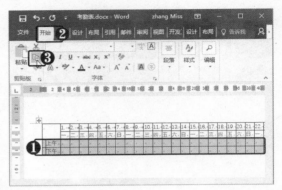

STEP 08 粘贴表格 将鼠标指针定位于表格第 1 列的最后一个单元格内，在"剪贴板"组中单击"粘贴"按钮，粘贴选中的单元格。重复此操作，多次粘贴选中的单元格区域，直到足够为止。在第 1 列中合并需要合并的单元格。

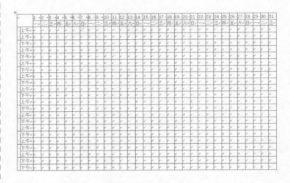

STEP 09 输入姓名并居中对齐 在第 1 列的单元格中输入员工姓名并删除多余的空行，设置单元格的对齐方式为"水平居中"。

3. 绘制斜线表头

从上面创建的表格可知，该表格的项目名称不止一个，需要在表格的左上角单元格内插入斜线表头，具体操作方法如下。

STEP 01 单击"绘制表格"按钮 ❶ 选择表格，❷ 选择"布局"选项卡，❸ 在"绘图"组中单击"绘制表格"按钮。

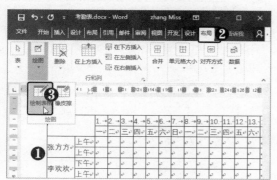

STEP 02 绘制斜线表头 在左上角的单元格内按住鼠标左键并向右下方拖动，即可绘制出斜线表头。

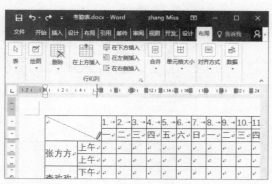

STEP 03 插入形状 ❶ 选择"插入"选项卡，❷ 在"插图"组中单击"形状"下拉列表，❸ 选择"直线"选项。

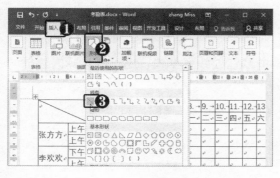

STEP 04 绘制直线 按住鼠标左键的同时拖动鼠标，在单元格内绘制直线。

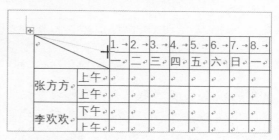

STEP 05 设置直线样式 完成线条绘制后将自动跳转到"格式"选项卡，单击"形状样式"列表框中的"细线-深色1"选项，更改直线的颜色为黑色。

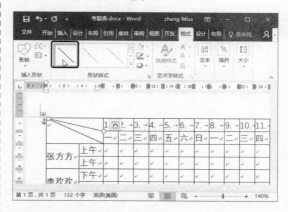

STEP 06 继续绘制直线 用上述方法继续绘制另一条直线。

STEP 07 插入文本框 在斜线表头中插入文本框，❶ 选择"插入"选项卡，❷ 在"文本"组中单击"文本框"下拉按钮，❸ 选择"绘制文本框"选项。

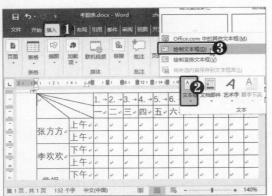

STEP 09 **设置形状轮廓** 在文本框内输入文字。若文本框太小，无法显示出输入的文字，可以调整文字字号及段落间距，然后尽量扩大文本框，将文本框拖至合适的位置。

STEP 08 **设置文本框** 在单元格内按住鼠标左键并拖动绘制文本框，绘制完成后将自动跳转到"格式"选项卡，❶ 单击"形状填充"下拉按钮 ，❷ 选择"无填充颜色"选项。

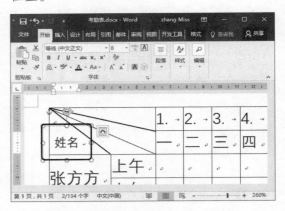

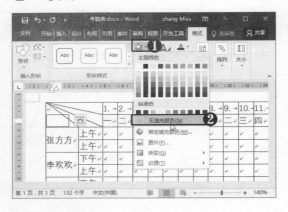

STEP 10 **复制文本框** 复制该文本框，粘贴到斜线表头的其他 3 个单元格内，更改其中的文字，进行适当的调整。

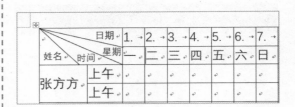

3.3.2 为表格添加修饰

表格绘制完成后，可以为表格添加一些修饰，使其更加美观，如设置表格边框样式、设置单元格底纹样式等。这里要介绍的表格边框和底纹的设置方法与前面介绍的边框和底纹设置方法一样，区别在于前面介绍的方法是应用于文字或段落，而这里是应用于表格或单元格。

1. 设置表格框线

在设置表格边框时，不仅可以设置外边框的颜色或线条样式，还可以选择内边框的边线进行颜色、样式等设置，具体操作方法如下。

STEP 01 **选择"边框和底纹"选项** ❶ 单击表格左上角的全选按钮 ，选择整个表格，❷ 选择"设计"选项卡，❸ 单击"边 框"下拉按钮，❹ 选择"边框和底纹"选项。

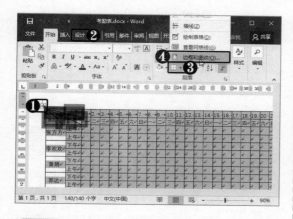

STEP 02 自定义外边框样式 弹出"边框和底纹"对话框，❶ 在"设置"选项区中选择"方框"，❷ 在"样式"列表框中选择"双线"选项，❸ 在"颜色"下拉列表框中选择蓝色，❹ 设置"宽度"为"1.5磅"，即可在"预览"区域查看设置的边框效果。

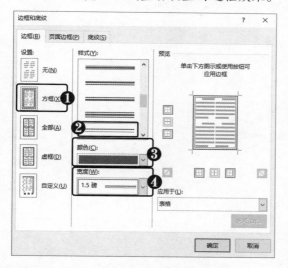

STEP 03 设置表格内部边线样式 ❶ 在"设置"选项区中选择"自定义"，❷ 在"样

式"列表框中选择"直线"选项，❸ 设置"颜色"为蓝色，设置"宽度"为"1.5磅"，❹ 在"预览"区域单击"横线"按钮⊞和"竖线"按钮⊞，添加应用的边线，❺ 单击"确定"按钮。

STEP 04 查看设置效果 此时表格的外边框和内边线设置完成，查看表格效果。

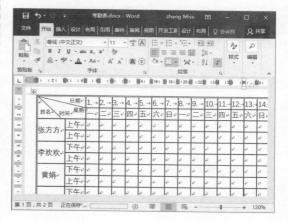

📺 **高手点拨**

　　设置表格内部部分单元格的边线样式：选择要设置的单元格，打开"边框和底纹"对话框，运用上方介绍的边框设置方法设置边框样式，即可完成对选择单元格边线的设置。

2．为单元格添加底纹

　　对表格进行底纹设置时，可以为整个表格添加底纹，也可为某些单元格添加底纹。下面通过为单元格添加底纹为例进行介绍，具体操作方法如下。

STEP 01 **设置底纹** ❶ 选择要设置底纹样式的单元格，❷ 在"设计"选项卡下单击"底纹"下拉按钮，❸ 选择合适的颜色。

STEP 02 **查看设置效果** 也可以通过"边框和底纹"对话框中的"底纹"选项卡进行详细设置，查看最终效果。

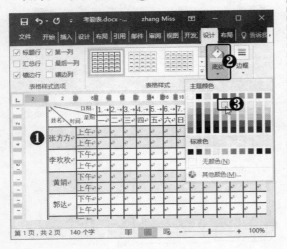

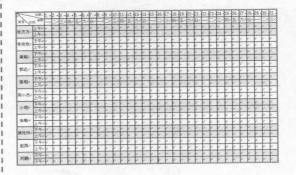

Chapter

04

Word 样式与模板
的商务应用

在 Word 2016 中预设了包含固定格式设置和版式设置的模板文件，用于帮助用户快速生成特定类型的 Word 文档。Office 网站还提供了简历、名片、设计方案集、业务等特定功能的联机模板。本章将介绍联机模板的创建和模板的制作方法等相关知识。

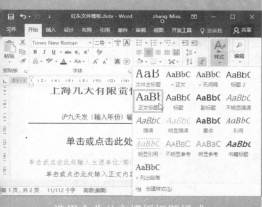

选择企业公文模板标题样式

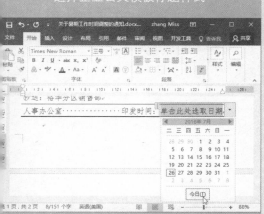

选取通知文件日期

4.1 应用模板制作商务报告

4.2 编制企业公文模板

4.3 创建通知文件

4.1 应用模板制作商务报告

　　商务报告是企业之间为交流信息而使用的一种文书形式，为读者提供参考的信息和数据等。商务报告涉及的方面很多，主要包括财务、审计、投资、年度、销售、市场、人事等。下面以制作年度报告为例介绍如何应用模板，具体操作方法如下。

STEP 01　启动 Word　❶ 单击"开始"按钮 ⊞，❷ 在弹出的最常用软件列表中选择 Word 2016 命令。

STEP 02　选择模板　在打开的 Word 新建界面中选择"年度报告（带封面）"模板。若在该界面中找不到该模板，可以通过上方的搜索框进行搜索。

STEP 03　新建模板　在打开的模板预览界面中单击"新建"按钮。

STEP 04　查看新建模板　此时"年度报告"的模板已经创建完成。

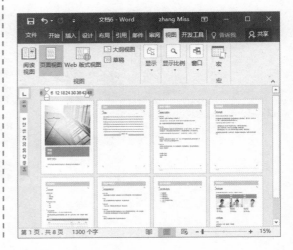

🖥 **高手点拨**

　　模板中已经包含了商务报告所需的大致框架，用户可以根据需要在目录上进行删减。模板内容都是设置完成的样式，用户也可以更改这些样式，使报告文档更符合自己的个性需求，最后添加上需要的报告内容即可。

4.2 编制企业公文模板

企业公文大都具有相同的基本格式和填写标准，非常适合制作成模板，可以节省编辑与排版的时间。企业公文包括多种类型，如红头文件、会议纪要、请示、计划等。下面将以制作企业红头文件模板为例，向读者介绍模板的使用方法。

4.2.1 创建模板文件

在模板文件中可以添加相关属性的说明，便于以后直接应用。创建模板文件的具体操作方法如下。

STEP 01 **单击"浏览"按钮** 新建空白 Word 文档，选择"文件"选项卡，❶ 选择"保存"命令，❷ 在右侧单击"浏览"按钮。

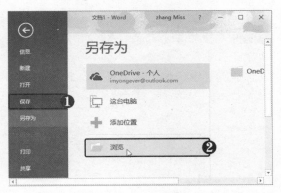

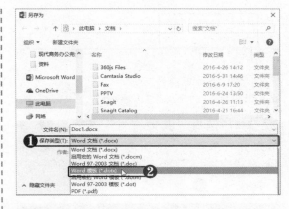

STEP 02 **设置保存类型** 弹出"另存为"对话框，❶ 单击"保存类型"下拉按钮，❷ 选择"Word 模板（*.dotx）"选项。

STEP 03 **设置保存选项** ❶ 选择合适的保存位置，❷ 在"文件名"文本框中输入"红头文件模板"，❸ 单击"保存"按钮。

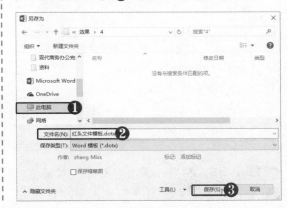

高手点拨

若要另存文档，还可以直接按【F12】键，此时将弹出"另存为"对话框，在进行保存时还可更改"作者"、"标记"等文档信息。

4.2.2 添加模板内容

模板文件创建完成后，需要将模板所需的内容、格式等添加进来。先添加文本中必需的固定格式，如说明文字或日期选取器等，在应用该模板创建新文件时只需修改少量文字内容即可。

1. 添加主要文字内容

下面先输入文件头的必要文字及字符，具体操作方法如下。

STEP 01 输入发文机关名称及文号 在文档的首行处输入发文机关名称，按【Enter】键另起一行，输入公文文号。

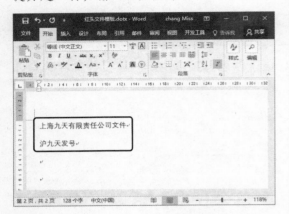

STEP 02 选择"其他符号"选项 ❶ 将鼠标指针定位于文号段落的"号"字前面，❷ 选择"插入"选项卡，❸ 单击"符号"下拉按钮，❹ 选择"其他符号"选项。

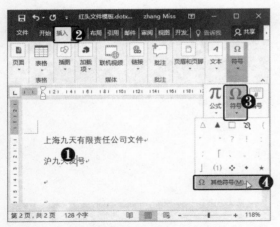

STEP 03 插入符号 弹出"符号"对话框，❶ 在"字体"下拉列表框中选择"普通文本"选项，❷ 在"子集"下拉列表框中选择"CJK 符号和标点"选项，❸ 在符号列表中选择"左龟壳形括号"，❹ 单击"插入"按钮，即可插入符号。

STEP 04 继续插入符号 ❶ 在符号列表中选择"右龟壳形括号"，❷ 单击"插入"按钮插入符号，❸ 单击"关闭"按钮。

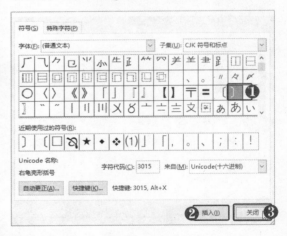

STEP 05 插入直线形状 ❶ 在"插图"组中单击"形状"下拉按钮，❷ 选择"直线"形状。

STEP 06 绘制直线 当鼠标指针呈十形状时，按住【Shift】键的同时按住鼠标左键并向右拖动，绘制直线。

STEP 07 设置直线颜色 直线绘制完成后会自动跳转到"格式"选项卡，❶ 单击"形状轮廓"下拉按钮，❷ 选择红色。

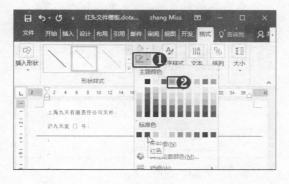

STEP 08 设置直线粗细 ❶ 单击"形状轮廓"下拉按钮，❷ 选择"粗细"选项，❸ 选择"2.25 磅"选项。

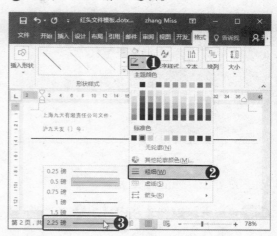

STEP 09 输入其他文字 在模板中继续输入其他必要的文字。

2. 添加格式文本内容控件

格式文本内容控件不仅可以对需要输入内容进行格式预设，还可为需要输入的部分做说明或指示等。下面将介绍如何插入格式文本内容控件，具体操作方法如下。

STEP 01 单击"格式文本内容控件"按钮 ❶ 将鼠标指针定位于龟壳形括号内，❷ 选择"开发工具"选项卡，❸ 在"控件"组中单击"格式文本内容控件"按钮 Aa。

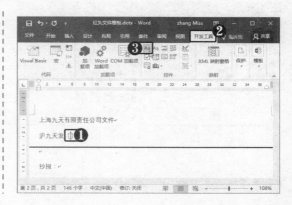

STEP 02 单击"设计模式"按钮 此时在鼠标定位点处可显示内容控件输入框，在"控件"组中单击"设计模式"按钮。

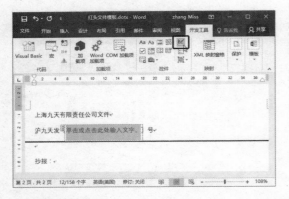

STEP 03 更改控件文件内容 ❶ 在控件输入框中输入文字"输入年份"，❷ 在"控件"组中单击"设计模式"按钮，退出设计模式。

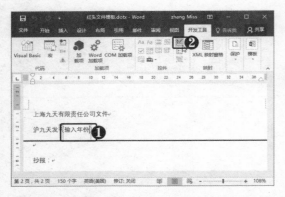

STEP 04 添加底纹 ❶ 选择控件，❷ 选择"开始"选项卡，❸ 在"段落"组中单击"底纹"下拉按钮，❹ 选择合适的颜色。

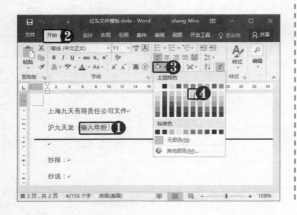

STEP 05 添加文号控件 利用上述方法在龟壳形括号后面添加文号的控件，并在控件文本框中输入文字"输入文件号码"，更改底纹颜色。

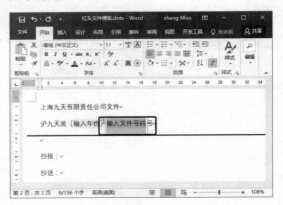

STEP 06 插入标题内容控件 ❶ 将鼠标指针定位于直线下方的空行，❷ 选择"开发工具"选项卡，❸ 在"控件"组中单击"格式文本内容控件"按钮 Aa 插入控件，❹ 单击"设计模式"按钮。

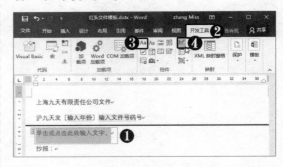

STEP 07 更改控件文本框内容 在格式文本内容控件文本框中输入"单击或点击此处输入标题"。

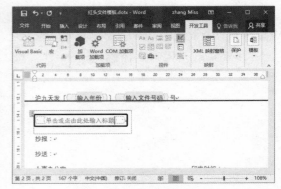

STEP 08 插入主送名称内容控件 ❶ 在标题控件下方插入空行，❷ 在"控件"组中单击"格式文本内容控件"按钮 **Aa**，❸ 更改控件文本框内容为"单击或点击此处输入主送单位/部门名称"（注意：更改控件内容需要保持在设计模式下）。

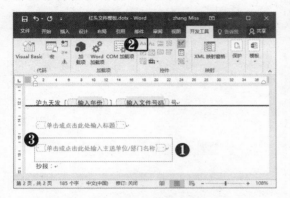

STEP 09 插入正文内容控件 ❶ 在主送名称控件下方插入空行，❷ 在"控件"组中单击"格式文本内容控件"按钮 **Aa**，❸ 更改控件文本框内容为"单击或点击此处输入正文内容"。

STEP 10 插入其他格式文本内容控件 在下方"抄报"、"抄送"文字后面分别插入各自的内容控件，并更改控件文本框的内容分别为"输入抄报单位名称"、"输入抄送单位名称"。单击"设计模式"按钮，退出设计模式状态。

3. 添加日期选取器内容控件

日期选取器内容控件与格式文本内容控件的使用方法类似，只是日期选取器控件不需自己输入内容，单击即可选取需要的日期。插入日期选取器控件的具体操作方法如下。

STEP 01 插入日期选取器内容控件 ❶ 将鼠标指针定位于文字"印发日期"后面，❷ 选择"开发工具"选项卡，❸ 在"控件"组中单击"日期选取器"按钮 📅。

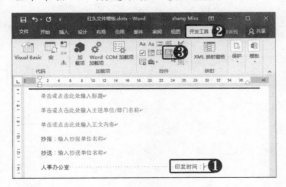

STEP 02 选择日期 在设计模式下更改控件文本框的内容为"单击此处选取日期"，退出设计模式。单击"日期选取器"下拉按钮，即可从下拉列表中选取合适的日期。

4. 设置控件属性

在文档中插入格式文本内容控件后，新创建的文档也始终保留着该控件。若要在新文档中编辑后就删除该控件，可以通过控件属性来设置，具体操作方法如下。

单击"控件属性"按钮 ❶ 选中控件，❷ 选择"开发工具"选项卡，❸ 在"控件"组中单击"控件属性"按钮。

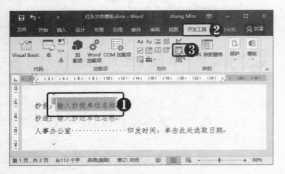

设置控件属性 弹出"内容控件属性"对话框，❶ 在"标题"文本框中输入"抄报"，❷ 选中"内容被编辑后删除内容控件"复选框，❸ 单击"确定"按钮。

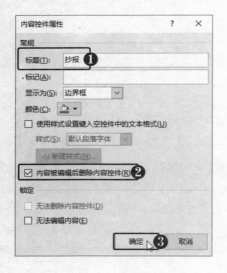

查看设置效果 选中控件，可在查看到控件上方显示标题名称。使用该模板创建的新文档，抄报编辑完成后就会自动删除。

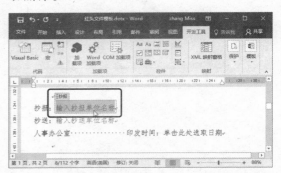

STEP 04 设置其他属性 不同的控件会有不同的属性，例如，打开日期选取区内容控件的属性对话框，不仅可以设置常规属性，还可设置日期等属性。

4.2.3 创建新样式

经过上面的操作之后，已经将企业公文模板文件需要的元素全部添加进去，接下来就对这些元素进行字体和段落方面的设置，使其成为完整的规范性公文模板。我们可以将这些字体或段落的设置创建为新样式，方便在以后的编辑中可以直接应用。

1. 创建文件主标题样式

发文机关名称一般为一号黑体，颜色为红色。下面通过设置发文机关名称的字体及段落的详细格式，详细介绍样式的创建过程，具体操作方法如下。

STEP 01 设置字体格式 ❶ 选中首行发文机关名称，❷ 在"字体"组中设置"字体"为"宋体"、"字号"为"一号"，设置字体加粗，❸ 单击"字体颜色"下拉按钮，❹ 选择红色。

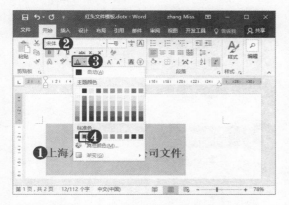

STEP 02 设置居中对齐 ❶ 在"段落"组中单击"居中"按钮 ，❷ 在"段落"组右下角单击扩展按钮 。

STEP 03 设置段落格式 弹出"段落"对话框，❶ 在"特殊格式"下拉列表框中选择"无"选项，❷ 设置间距的"段前"为"3行"、"段后"为"2行"，❸ 在"行距"下拉列表框中选择"单倍行距"选项，❹ 单击"确定"按钮。

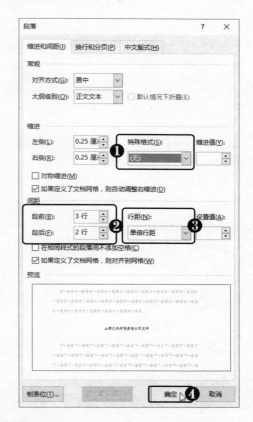

STEP 04 单击"其他"按钮 ❶ 选中发文机关名称段落，❷ 在"样式"组中单击"其他"按钮 。

STEP 05 选择"创建样式"选项 在弹出的样式列表中选择"创建样式"选项。

STEP 06 **创建新样式** 弹出"根据格式设置创建新样式"对话框，❶ 在"名称"文本框中输入创建的样式名称，❷ 单击"确定"按钮。

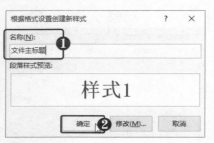

STEP 07 **查看新样式** 新样式创建完成后，选择新建样式的段落，在"样式"列表中即可查看到已显示为新创建的样式"文件主标题"。

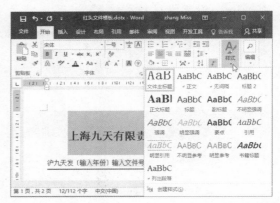

高手点拨

要在文档中显示"标题3"、"标题4"等样式，可先将文本应用"标题2"样式，此时将会自动显示"标题3"样式，以此类推。

2. 修改正文样式

正文样式是一种默认样式，一般新添加的空行、空页等均自动设为正文样式，是文档中应用最多的样式。如果文件中正文内容需要设置为特定的格式，可直接对"正文"样式进行修改，具体操作方法如下。

STEP 01 **修改"正文"样式** ❶ 在"样式"列表中右击"正文"样式，❷ 选择"修改"命令。

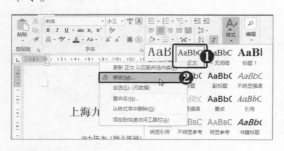

STEP 02 **设置西文字体格式** 弹出"修改样式"对话框，❶ 在"格式"选项区的"语言"下拉列表框中选择"西文"选项，❷ 设

置"字体"为 Times New Roman、"字号"为"三号"。

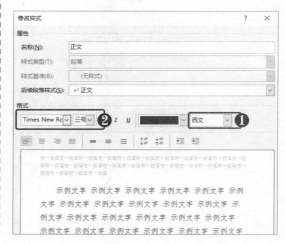

STEP 03 设置中文字体格式 ❶ 在"格式"选项区中的"语言"下拉列表框中选择"中文"选项，❷ 设置"字体"为"仿宋"、"字号"为"三号"，❸ 单击"格式"下拉按钮，❹ 选择"段落"选项。

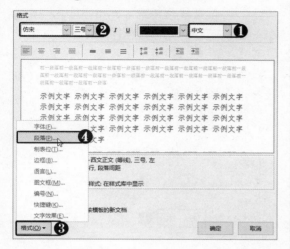

STEP 04 设置段落格式 弹出"段落"对话框，❶ 在"特殊格式"下拉列表框中选择"首行缩进"选项，设置"缩进值"为"2字符"，❷ 设置"段前"、"段后"均为"0行"，❸ 在"行距"下拉列表框中选择"固定值"选项，"设置值"为"28磅"，❹ 单击"确定"按钮。

STEP 05 完成样式修改 返回"修改样式"对话框，❶ 选中"基于该模板的新文档"单选按钮，❷单击"确定"按钮。

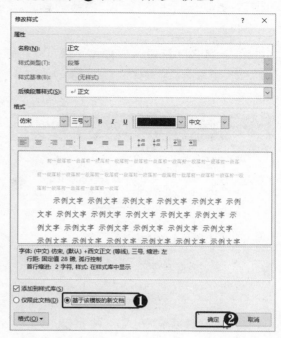

STEP 06 应用该样式 选中正文格式文本内容控件，在"样式"列表中选择"正文"选项，即可将该样式应用于选中的段落文字。

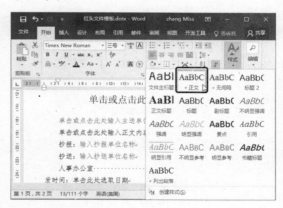

高手点拨

在文档中修改多种样式时，应先修改正文样式，因为各级标题样式大多是基于正文格式的。

3. 修改标题样式

定义新的样式并不一定要创建新样式，也可对现有的样式进行修改。修改样式符合要求后更改样式名称即可成为新的样式。下面以修改标题样式为例进行介绍，具体操作方法如下。

修改"标题1"样式 ❶ 在"样式"列表中右击"标题1"样式，❷ 选择"修改"命令。

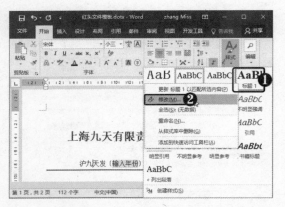

设置字体格式 弹出"修改样式"对话框，❶ 在"格式"选项区中设置"字体"为"黑体"、"字号"为"二号"，❷ 单击"格式"下拉按钮，❸ 选择"段落"选项。

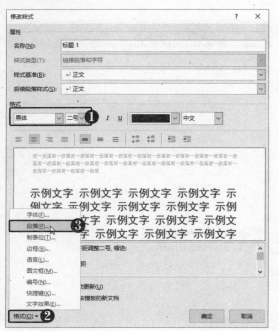

设置段落格式 弹出"段落"对话框，❶ 在"对齐方式"下拉列表框中选择"居中"选项，❷ 设置"段前"为"2行"、"段后"为"1行"，❸ 在"行距"下拉列表框中选择"单倍行距"选项，❹ 单击"确定"按钮。

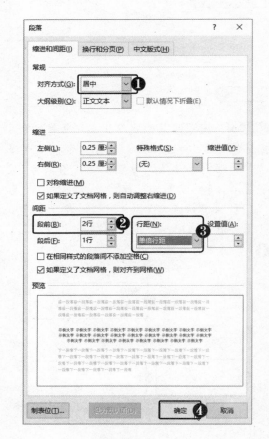

修改样式名称 返回"修改样式"对话框，❶ 在"名称"文本框中输入"正文标题"，❷ 选中"基于该模板的新文档"单选按钮，❸ 单击"确定"按钮。

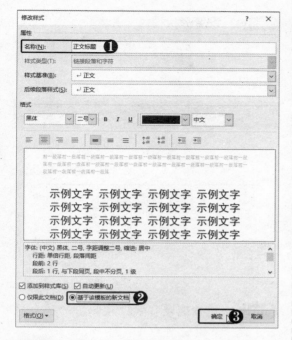

STEP 06 查看设置效果 此时即可查看应用修改样式后的效果。

STEP 05 应用该样式 ❶ 将鼠标指针定位于正文的标题行中，❷ 在"样式"列表中选择"正文标题"选项，即可将该样式应用于选中的段落文字。

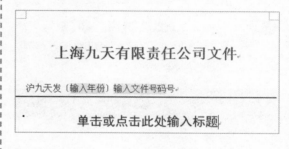

4. 设置其他文字格式

下面设置其他文字格式，具体操作方法如下。

STEP 01 设置发文字号 ❶ 选中发文字号段落，❷ 在"开始"选项卡下"字体"组中设置"字体"为"宋体"、"字号"为"小三"，❸ 删除该段落最前方的两个缩进字符，设置为左侧顶格，在"段落"组中单击"居中"按钮三。

STEP 02 设置主送名称格式 ❶ 选中主送名称段落，❷ 在"开始"选项卡下"字体"组中设置"字体"为"仿宋"、"字号"为"三号"，❸ 删除该段落最前方的两个缩进字符，设置为左侧顶格，在格式文本控件后面输入冒号。

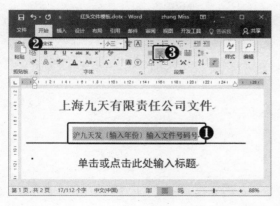

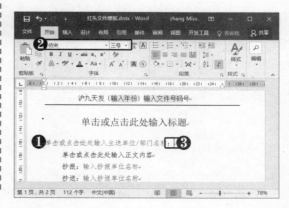

STEP 03 调整文字位置 将正文格式文本内容控件下方的段落均调整为左侧顶格对齐。

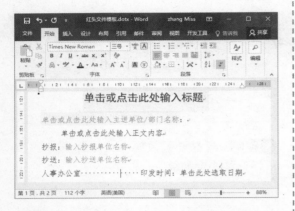

STEP 04 选择"直线"选项 ❶ 选择"插入"选项卡，❷ 在"插图"组中单击"形状"下拉按钮，❸ 选择"直线"选项。

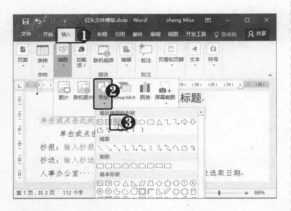

STEP 05 绘制直线 当鼠标指针呈十形状时，按住【Shift】键的同时按住鼠标左键并向右拖动，绘制直线。

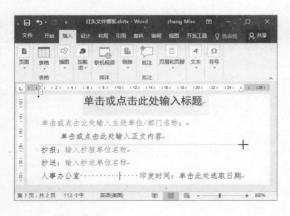

STEP 06 设置形状样式 直线绘制完成后，自动跳转到"格式"选项卡。❶ 保持直线的选中状态，❷ 在"形状样式"组中单击样式列表的"其他"按钮。

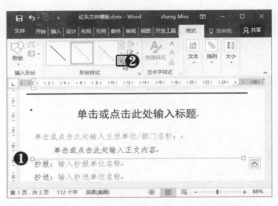

STEP 07 选择形状样式 在弹出的样式列表中选择"粗线-深色 1"选项。

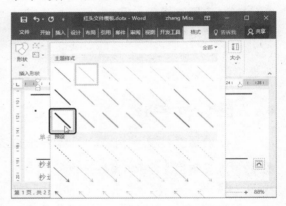

STEP 08 复制直线 选中直线，按住【Ctrl】键的同时用鼠标向下拖动直线，即可复制直线。若需对齐直线，可按住【Ctrl+Shift】组合键的同时拖动直线进行复制。

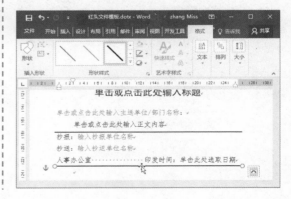

STEP 09 设置形状样式 采用同样的方法，复制其他需要的直线，并调整其位置。设置内部直线的"形状样式"为"中等线-深色 1"。

上海九天有限责任公司文件

沪九天发〔输入年份〕输入文件号码号

单击或点击此处输入标题

单击或点击此处输入主送单位/部门名称：
单击或点击此处输入正文内容
抄报：输入抄报单位名称
抄送：输入抄送单位名称
人事办公室　　　　　　印发时间：单击此处选取日期

STEP 10 调整文字位置 将"抄报"、"抄送"、"印发时间"等段落移至页面尾部。

右侧示例：

上海九天有限责任公司文件

沪九天发〔输入年份〕输入文件号码号

单击或点击此处输入标题

单击或点击此处输入主送单位/部门名称：
单击或点击此处输入正文内容

抄报：输入抄报单位名称
抄送：输入抄送单位名称
人事办公室　　　　印发时间：单击此处选取日期

高手点拨

对模板的编辑过程中需要注意：关闭模板后需再次打开编辑时，不可双击打开。双击打开的文档格式是.docx，是使用该模板创建的新文档。要打开.dotx 格式的模板，需选择"文件"选项卡，在左侧选择"打开"选项，单击"浏览"按钮，在弹出的"打开"对话框中单击"文件名"后面的"文件类型"下拉按钮，选择"Word 模板（*.dotx）"选项，再选择.dotx 类型文件打开即可。

4.3　创建通知文件

创建模板的目的就是为了方便以后编辑类似格式的文件。通过应用模板中定义好的各种文字及段落样式，可以快速对文档进行编辑和排版。

4.3.1　应用模板创建通知文件

下面将详细介绍如何应用模板创建通知文件，具体操作方法如下。

STEP 01 打开模板新建文件 双击模板文件，即可创建新文档。

STEP 02 添加年份和文件号 单击"输入年份"区域的格式文本内容控件,输入2017;单击"输入文件号码"区域,输入文件号。

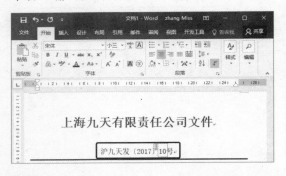

STEP 03 添加标题内容 单击标题区域的格式文本内容控件,输入标题文字"关于暑期工作时间调整的通知"。

STEP 04 添加主送名称及正文 在主送名称区域输入"九天科技各部门",在正文部分输入通知的相关内容。

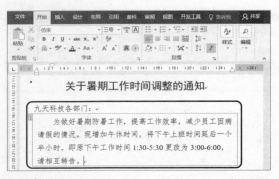

STEP 05 选取日期 完成其他内容的填充,❶ 单击印发时间区域的日期选取器内容控件,❷ 单击弹出的日期选取下拉按钮,❸ 选择正确的日期。

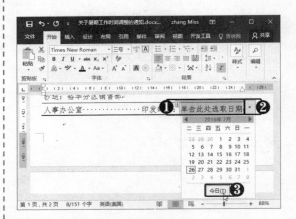

STEP 06 保存文档 内容填充完毕,单击快速工具栏中的"保存"按钮🖫,保存文档即可。

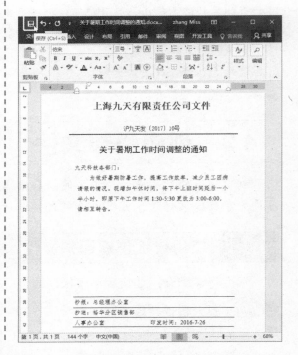

4.3.2 打印通知文件

文档编辑完成后就可以通过打印操作将其输出到纸张上,以供张贴或传阅。打印时可以对打印机、打印范围、打印份数等进行一些必要的设置,具体操作方法如下。

STEP 01 打印预览 选择"文件"选项卡，在左侧选择"打印"选项，在右侧可以查看打印预览效果。

STEP 02 选择打印机 ❶ 单击"打印机"下拉按钮，❷ 选择要使用的打印机。

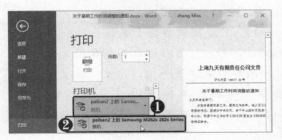

STEP 03 单击"打印机属性"超链接 若对打印机参数有特殊的要求，例如，此处需要越过空白页打印，可单击"打印机属性"超链接。

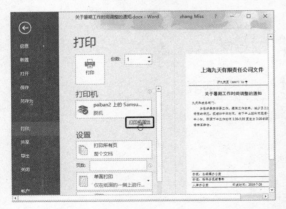

STEP 04 设置打印机属性 弹出"打印机属性"对话框，❶ 选择"高级"选项卡，❷ 选中"跳过空白页"复选框，❸ 单击"确定"按钮。

STEP 05 设置打印范围 ❶ 单击"打印范围"下拉按钮，❷ 选择所需打印的范围选项，默认为打印所有页。

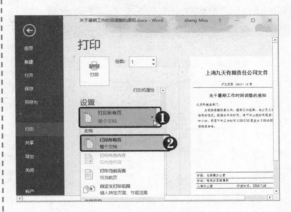

STEP 06 开始打印文档 ❶ 在"份数"文本框中输入打印份数，❷ 单击"打印"按钮，即可开始打印文档。

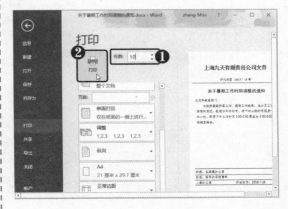

95

Chapter

05

Excel 办公表格的
创建、编辑与设置

Excel 是微软办公套装软件的一个重要的组成部分，它可以进行各种数据处理、统计分析和辅助决策等操作，被广泛应用于商务办公领域。本章将通过实例详细介绍 Excel 办公表格的创建、编辑与格式设置等基本操作。

输入员工信息表标题

设置工资表字体颜色

5.1 制作员工信息表

5.2 制作工资表

5.1 制作员工信息表

在日常办公中常常需要 Excel 表格对大量的数据进行存储和处理。下面就以制作员工信息表为例来介绍 Excel 表格的一些基本操作。

5.1.1 Excel 表格的新建与保存

在使用 Excel 制作电子表格时，首先需要了解新建、退出、保存工作簿等的基本操作方法，然后需要熟悉插入、复制和移动、删除工作表等的操作方法。

1. 新建与保存 Excel 文件

启动 Excel 2016 后，程序会要求用户选择创建工作簿的类型，可以直接创建空白工作簿，也可根据提供的模板新建带有格式和内容的工作簿，以提高工作效率。下面将以创建空白并保存工作簿为例进行介绍，具体操作方法如下。

STEP 01 选择模板类型 启动 Excel 软件，在弹出的界面中选择"空白工作簿"选项。

STEP 02 创建完成 此时将创建空白工作簿"工作簿 1"，同时创建 Sheet1 工作表。

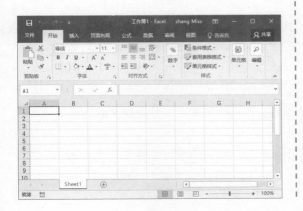

STEP 03 选择"保存"命令 选择"文件"选项卡，❶ 选择"保存"命令，❷ 单击"浏览"按钮。

STEP 04 保存文件 弹出"另存为"对话框，❶ 选择合适的保存位置，❷ 在"文件名"文本框中输入"员工信息表"，❸ 单击"保存"按钮，即可完成保存操作。

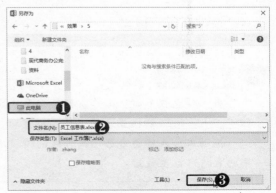

2. 工作表的基本操作

新建的工作簿中会自动创建 Sheet1 工作表，用户可以在该工作簿中新建多个工作表，以编辑不同类别的数据。可以对新工作表重命名，更改工作表标签颜色。若不再需要某个工作表，还可将其删除，具体操作方法如下。

STEP 01 新建工作表 单击 Sheet1 工作表右侧的"新工作表"按钮⊕，即可在当前工作表右侧创建一个新工作表。多次单击"新工作表"按钮⊕，新建多个工作表。

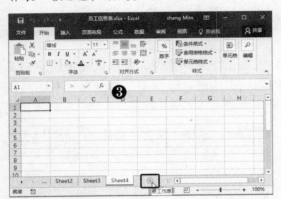

STEP 02 重命名工作表 双击 Sheet1 工作表标签，输入工作表名称"员工基本信息"。采用同样的方法，将 Sheet2 重命名为"员工通讯录"。

STEP 03 删除工作表 ❶ 在 Sheet3 工作表标签上右击，❷ 选择"删除"命令即可删除工作表。同样的方法删除其他不需要的工作表。

STEP 04 更改工作表标签颜色 为区别不同的工作表，可更改工作表标签的颜色。❶ 右击要更改颜色的工作表标签，❷ 选择"工作表标签颜色|橙色"选项。

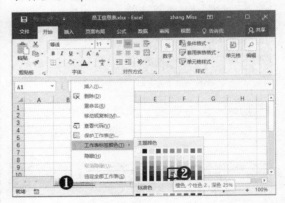

高手点拨

当工作表较多时，工作表标签将无法显示完全，此时可单击工作表标签前面的导航按钮◄ ► ...，切换显示的工作表标签。

拖动工作表标签可移动工作表的排放次序，例如，经常使用的表格可拖至首位，不常用的表格可拖至最后。

5.1.2 输入表格内容

Excel 文件创建完成后，接下来就要为表格填充数据内容。单个数据的输入和修改都是在单元格中进行的。单元格指的是表格中行与列的交叉部分，它是组成表格的最小单位。下面以员工信息表的数据信息输入为例，详细介绍多种类型数据信息的输入方法。

1. 输入普通文本内容

在 Excel 表格的单元格中可以输入多种数据格式，不同格式的数据内容在输入时有一定的区别。普通文本和数值的输入可以通过选择单元格直接输入，具体操作方法如下。

STEP 01 输入数据 单击工作表中的 A1 单元格，使单元格处于选中状态，直接输入文字即可。

STEP 02 输入首行 按【Tab】键或【→】键，快速选中右侧单元格，用同样的方法输入首行内容。

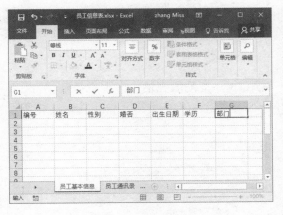

STEP 03 输入列数据 单击工作表中的 B2 单元格，使单元格处于选中状态，输入姓名"张方方"，按【↓】键，快速选中下方单元格，输入姓名。

> **高手点拨**
>
> 单元格按所在的行列位置来命名，例如，地址 A1 指的是 A 列与第 1 行交叉位置上的单元格。

2. 输入文本型数值

Excel 的单元格会将输入的数值内容自动以标准的"常规"格式保存，数值左侧或小数点后末尾的 0 将自动被省略，例如，在单元格内输入 001 后，将被自动转换为常规数值格式 1。若要保持输入时的格式，可将单元格的数字格式转换为"文本"，具体操作方法如下。

STEP 01 转换格式 ❶ 选中"编号"下方的 A2 单元格，❷ 在"开始"选项卡下"数字"组中单击"数字格式"下拉按钮，❸ 选择"文本"选项。

STEP 02 输入数据 在该单元格内输入 00201701，并按【Enter】键确认即可。

3. 快速填充数据

填充数据是指在单元格中填充相同或有规律的一系列数据，以提高工作效率，例如，本例涉及到的编号和性别的输入就可以使用填充柄，具体操作方法如下。

STEP 01 单击填充柄 选择 A2 单元格，将鼠标指针指向所选单元格的右下角，当指针呈十字形状时按住鼠标左键。

STEP 02 填充数据 向下拖动鼠标，将填充区域拖至 A13 单元格，松开鼠标即可完成填充。单击填充区域显示的"自动填充选项"下拉按钮，可以看到系统自动选择的"填充序列"选项，也可根据需要进行选择。

STEP 03 输入数据 选择 C2 单元格，在该单元格内输入"女"，将鼠标指针指向所选单元格的右下角，当指针呈十字形状时按住鼠标左键。

STEP 04 拖动填充柄 向下拖动鼠标，将填充区域拖至 C8 单元格，松开鼠标左键即可完成填充。单击填充区域显示的"自动填充选项"下拉按钮，可以看到系统自动选择的"复制单元格"选项。

4. 多个单元格同时输入

表格中往往含有大量的数据，逐一输入会使工作效率大大降低。例如，在 Excel 中可以向多个单元格中一次输入相同的内容，具体操作方法如下。

STEP 01 同时选择多个单元格　单击 C9 单元格，按住鼠标左键向下拖动至 C11 单元格，松开鼠标即可选中 C9 至 C11 连续单元格，按【Ctrl】键的同时单击 C13 单元格，即可选中该单元格。

STEP 03 输入婚否信息　按住【Ctrl】键逐个单击要输入"是"的单元格将其选中，输入"是"后将显示在最后选中的单元格内，然后按【Ctrl+Enter】组合键将"是"填充至所有选择的单元格中。

STEP 02 输入数据　选中这些单元格后，直接输入"男"，然后按【Ctrl+Enter】组合键，即可将"男"填充至所有选中的单元格中。

STEP 04 输入其他数据信息　采用同样的方法，向其他需要输入"否"的单元格内填充"否"，最后在 C12 单元格内输入"女"，即可完成这两列的内容填充。

🖥 **高手点拨**

用户可根据需要自定义数字格式，如为金额添加单位"元"，则可以在自定义数字格式时将数字类型设置为"#"元""，其中#为数字占位符，只显示有意义的零。

5. 输入日期型数据

在单元格中可以输入多种类型的日期格式，用户可以根据自己的需求对单元格格式进行设置，本例需要输入的日期格式为"1990-3-3"，具体操作方法如下。

STEP 01 选择"其他数字格式"选项　❶ 将鼠标指针定位于 E 列上方，当指针呈 ↓ 形状时单击鼠标左键选中 E 列，❷ 在"开始"

选项卡下"数字"组中单击"数字格式"下拉按钮，❸ 选择"其他数字格式"选项。

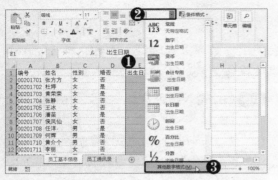

STEP 02 设置单元格格式 弹出"设置单元格格式"对话框，❶ 在"分类"列表框中选择"日期"选项，❷ 在"类型"列表框中选择"2012-3-14"选项，❸ 单击"确定"按钮。

STEP 03 输入数据 在 E2 单元格内输入"1990/3/3"，并按【Enter】键确认。

STEP 05 输入数据 在 E3 单元格内输入"1989年8月2日"，并按【Enter】键确认。

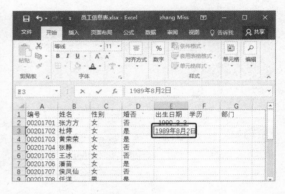

STEP 06 输入其他数据 系统依然会按照设置的单元格格式进行更改，显示为"1989-8-2"。按照上述方法，输入其他员工的出生日期。

STEP 04 查看设置效果 系统自动按照设置的单元格格式进行显示，将"1990/3/3"更改为"1990-3-3"。

高手点拨

　　在设置了特定日期格式的单元格内输入"1990.3.3"，单元格的显示并不会自动调整为设置好的特定日期格式，因为系统将"1990.3.3"归类为常规的文本格式，并不会将其认定为日期格式而进行相应的更改。

6. 数据信息的限制输入

　　表格中涉及到的数据有时会有特定的格式，或需要统一的描述。例如，"婚否"中需要统一为"是"或"否"的文字表述，不能出现"无、没有"等文字。对于此类数据的输入，可在单元格上加入限制，防止同一信息有多种表述形式，即应用"数据有效性"功能对单元格内容添加允许输入的数据序列，提供下拉按钮进行选择。下面通过设置"学历"的输入限制来介绍如何应用"数据有效性"功能，具体操作方法如下。

STEP 01 选择"数据验证"选项 ❶ 选中 F2:F13 单元格区域，❷ 选择"数据"选项卡，❸ 在"数据工具"组中单击"数据验证"下拉按钮，❹ 选择"数据验证"选项。

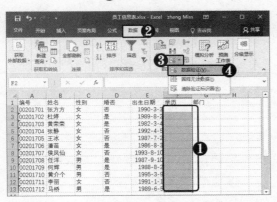

STEP 02 设置验证条件 弹出"数据验证"对话框，❶ 在"允许"下拉列表框中选择"序列"选项，❷ 在"来源"文本框中输入"高中,专科,本科,硕士,其他"，中间用英文逗号进行分隔。

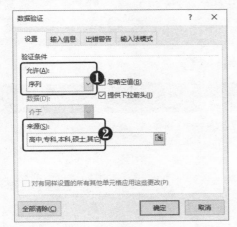

STEP 03 设置提示信息 ❶ 选择"输入信息"选项卡，❷ 在"标题"文本框中输入"学历"，❸ 在"输入信息"文本框中输入"请从列表中选择合适的选项，若有其他情况请选'其他'并注明"。

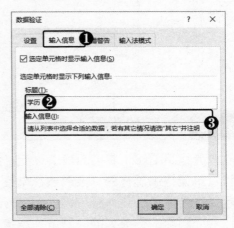

STEP 04 设置警告信息 ❶ 选择"出错警告"选项卡，❷ 在"样式"下拉列表框中选择"停止"选项，❸ 在"标题"文本框中输入"输入有误"，❹ 在"错误信息"文本框中输入"您的输入有误，请重新输入或选择列表中提供的数据！"，❺ 单击"确定"按钮。

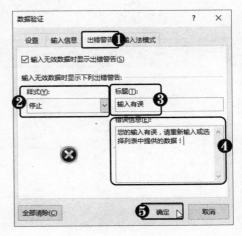

STEP 05 输入数据 选择"学历"列中的单元格,单击弹出的下拉按钮,选择合适的选项。按照此种方法为所有员工输入正确的学历信息,若输入有误便会弹出警告信息。

STEP 06 输入部门信息 采用上述方法,为员工添加"部门"信息。

5.1.3 单元格的基本操作

单元格是 Excel 表格的最小单元,大量数据都存储在单元格中,因此也有许多操作是针对单元格来执行的,所以熟练掌握单元格操作是使用 Excel 的重要基础。单元格的基本操作主要包括插入行或列、调整行高或列宽、移动或复制单元格数据、单元格的合并插入或删除、行或列的隐藏或冻结等,下面对常用单元格操作进行介绍。

1. 标题行的插入与编辑

表格的主体内容填充完毕后,接下来就要对表格进行整体设置,首先为表格添加标题行,具体操作方法如下。

STEP 01 插入标题行 ❶ 单击第 1 行的行号选择该行,❷ 在"开始"选项卡下"单元格"组中单击"插入"下拉按钮,❸ 选择"插入单元格"选项。

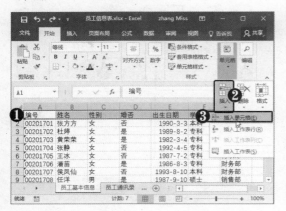

STEP 02 合并单元格 ❶ 拖动鼠标选择 A1:G1 单元格区域,❷ 在"开始"选项卡下"对齐方式"组中单击"合并后居中"下拉按钮,❸ 选择"合并后居中"选项。

STEP 03 调整行高　拖动标题行行号下方的分割线，即可调整该行的高度。

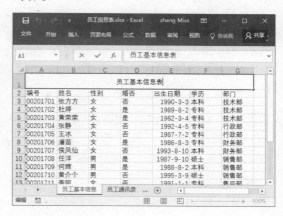

对齐。

STEP 04 输入标题　在标题行中输入标题文字"员工基本信息表"，文字会自动居中

2. 调整行高和列宽

前面介绍了调整行高的一种简便方法，就是直接拖动行号下方的分割线。下面将介绍如何调整多行的行高或多列的列宽，具体操作方法如下。

STEP 01 选择"行高"选项　❶ 将鼠标指针放置到第 2 行行号位置处，按住鼠标左键向下拖动至第 14 行，即可选中 2 至 14 行的全部单元格，❷ 在"开始"选项卡下"单元格"组中单击"格式"下拉按钮，❸ 选择"行高"选项。

STEP 03 自动调整列宽　❶ 拖动鼠标选择 A2:G14 单元格区域，❷ 在"开始"选项卡下"单元格"组中单击"格式"下拉按钮，❸ 选择"自动调整列宽"选项。

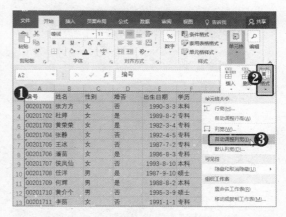

STEP 04 查看调整效果　此时列宽将按照单元格的内容多少进行自动调整。

STEP 02 设置行高　弹出"行高"对话框，❶ 在"行高"文本框中输入 18，❷ 单击"确定"按钮。

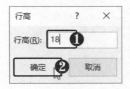

3. 复制单元格数据

不同表格之间的数据经常会有交叉或重复，为了节省填充数据的时间，可以将可用的表格数据复制到需要的表格或单元格中。例如，员工通讯录表格可以复制员工基本信息表中已经填充好的员工编号、姓名、性别、部门等列数据，从而节省输入信息的时间，具体操作方法如下。

STEP 01 复制单元格 ❶ 在表格的行号与列标交叉处单击全选按钮◢，❷ 在"开始"选项卡下"剪贴板"组中单击"复制"按钮。

STEP 02 粘贴数据 ❶ 单击"员工通讯录"工作表标签，切换到该工作表，❷ 单击表格左上角的全选按钮◢，在"开始"选项卡下"剪贴板"组中单击"粘贴"下拉按钮，❸ 选择"粘贴"选项。

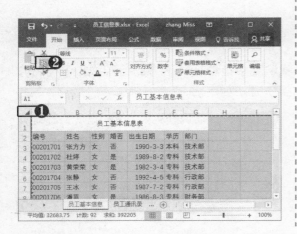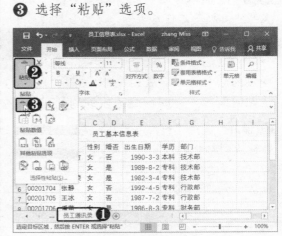

4. 单元格的删除与清除操作

粘贴过来的单元格数据可能并不全都是需要的，可以通过删除单元格或清除单元格操作来删除不需要的数据，具体操作方法如下。

STEP 01 删除单元格 ❶ 选择 D2:F14 单元格区域，❷ 在"开始"选项卡下"单元格"组中单击"删除"按钮。

STEP 02 查看删除效果 删除单元格后，右侧的列将会自动前移。

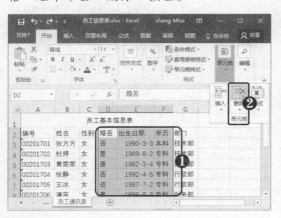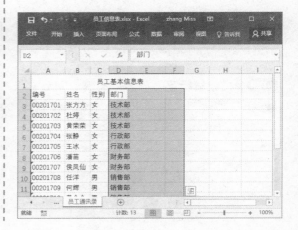

STEP 03 输入信息　在表格中输入员工的联系方式，包括联系电话、QQ及住址相关信息。

STEP 04 清除单元格数据　❶ 按住【Ctrl】键逐个单击需要清除数据的单元格，❷ 在"开始"选项卡下"编辑"组中单击"清除"下拉按钮，❸ 选择"全部清除"选项。

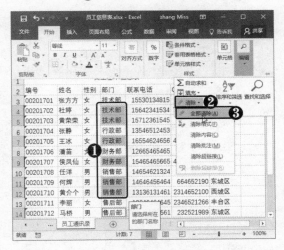

STEP 05 合并单元格　❶ 选择需要合并的

单元格，❷ 在"开始"选项卡下"对齐方式"组中单击"合并并居中"按钮，将各个部门的名称列合并为一个单元格。

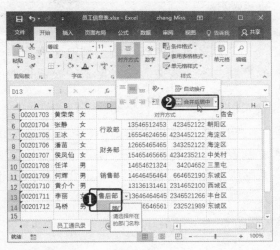

STEP 06 保存文件　❶ 将G1单元格合并到标题行，并将标题行内容改为"员工通讯录"，❷ 单击快速启动栏中的"保存"按钮，即可保存文件。

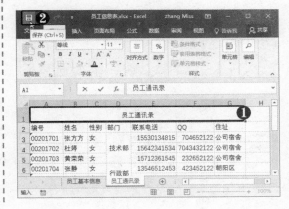

高手点拨

　　在输入数字时，若单元格的列宽不足以容纳全部数字时，就会自动显示为"#####"，将单元格的列宽增大即可解决此问题。

5.2　制作工资表

　　工资表又称工资结算表，是企业中应用比较频繁的表格文件，以"月"为单位。工资表中的数据包括考勤、业绩、代扣款项、应付工资、实发金额等,下面先来介绍制作工资表表格的方法,工资表中的数据填充因涉及到公式计算,将在下一章中进行详细介绍。

5.2.1 创建工资表

工资表的创建不仅会用到前面介绍的一些基本操作,还会涉及到如不同工作簿数据的复制、冻结表头、文本格式的设置等操作,下面将对其进行详细介绍。

1. 不同工作簿复制数据

因为工资表中含有前面已经制作完成的编号、姓名等列,可以直接复制这些列使用。复制表格数据分为同一工作簿不同表格之间和不同工作簿不同表格之间两种,前者使用剪贴板复制粘贴即可,下面将介绍如何在不同工作簿不同表格之间复制数据,具体操作方法如下。

STEP 01 **新建工作簿** 新建一个工作簿后,将其保存为"工资表"。

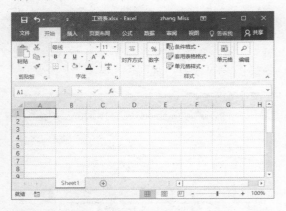

STEP 02 **选择"移动或复制"命令** 切换到"员工信息表"工作簿,❶ 选择"员工基本信息"工作表,右击"员工基本信息"工作表标签,❷ 选择"移动或复制"命令。

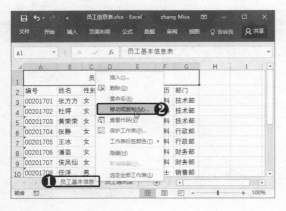

STEP 03 **选择工作簿** 弹出"移动或复制工作表"对话框,❶ 单击"工作簿"下拉按钮,❷ 选择"工资表"选项。

STEP 04 **选定移动位置** ❶ 设置工作表移至 Sheet1 工作表之前,❷ 选中"建立副本"复选框,❸ 单击"确定"按钮。

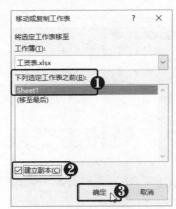

STEP 05 完成工作表复制 此时的工资表文件将添加"员工基本信息"工作表，并位于 Sheet1 工作表之前。

STEP 06 删除单元格 将工作表中不需要的行或列删除。

> **高手点拨**
>
> 在"移动或复制工作表"对话框中，若不选中"建立副本"复选框，则此表将移至目标工作簿中，此工作簿中的该工作表将被删除。

2. 冻结表头

对表头执行冻结操作之后滚动工作表，表头保持不动，这种锁定的状态可以方便用户查看表格。下面先制作表头，然后将其冻结，具体操作方法如下。

STEP 01 添加应发工资项 在首行添加应发工资项、工龄、绩效评分等列。

STEP 02 插入行 在最上方插入行，将相应的标题列合并。将应发工资项上方的单元格合并，并输入"应发工资"。

STEP 03 添加其他列 在表格中添加应扣工资项、实发工资、签字等列，并合并相应的标题行。将应扣工资项上方的单元格合并，并输入"应扣工资"。

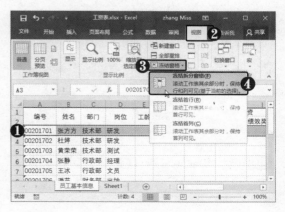

STEP 04 冻结前两行 ❶ 选择第 3 行，❷ 选择"视图"选项卡，❸ 在"窗口"组中单击"冻结窗格"下拉按钮，❹ 选择"冻结拆分窗格"选项。

STEP 05 查看锁定效果 此时向下拖动表格，即可查看标题行被锁定的效果。

STEP 06 填充数据信息 将表格中涉及到数据信息填充完整，需要公式计算得出的除外。

高手点拨

冻结行或列后，再次单击"冻结窗格"下拉按钮，选择"取消冻结窗格"选项，即可解除冻结。

3. 隐藏列

工资表中的某些列是不需要打印出来的，它只是计算工资的依据。例如，工龄、绩效评分、请假（天）、迟到（次）等列，在不需要计算时可以将这些列隐藏起来。部门、岗位等列也可以根据具体要求选择性地隐藏。

隐藏列的具体操作方法如下。

STEP 01 选择"隐藏"命令 ❶ 选择要隐藏的列并右击，❷ 选择"隐藏"命令。

STEP 02 查看隐藏效果 此时即可将选中的列隐藏起来。

STEP 04 查看隐藏效果 此时将隐藏选中的列，查看工资表的显示效果。

高手点拨

在隐藏列的列标上双击，可逐个显示隐藏的列。例如，B列与G列之间的列被隐藏，双击 B、G 列标之间的位置，即可显示 F 列。

STEP 03 隐藏其他列 ❶ 选择"请假（天）"和"迟到（次）"列并右击，❷ 选择"隐藏"命令。

5.2.2 设置单元格格式

单元格格式包括单元格内的数据格式和单元格本身的格式。下面将介绍本例涉及到的几种单元格格式的设置方法。

1. 设置文本对齐方式

Excel 表格中单元格的对齐方式通常根据输入内容的格式自动变化。例如，向单元格中输入文本类型的常规格式内容，则会自动左对齐；若向单元格中输入数值或日期格式的内容，则会自动右对齐。用户可以根据需求对单元格内容的对齐方式进行修改或设置，具体操作方法如下。

STEP 01 设置文本居中对齐 ❶ 选择"姓名"列，❷ 在"开始"选项卡下"对齐方式"组中单击"居中"按钮。

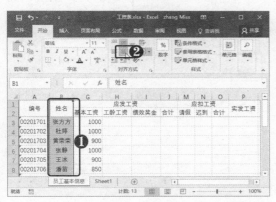

STEP 02 设置数值右对齐 ❶ 选择需要输入数值格式内容的单元格，❷ 在"开始"选项卡下"对齐方式"组中单击"右对齐"按钮。

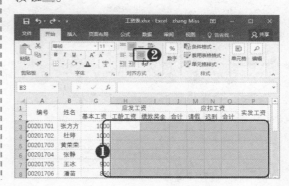

2. 设置文本格式

文本格式的设置与 Word 中的设置方法没有太大的差异，在此不再赘述，仅根据需要将标题字体设置为"加粗"，添加突出颜色，具体操作方法如下。

STEP 01 设置字体加粗 ❶ 选择标题行的所有文字，❷ 在"开始"选项卡下"字体"组中单击"加粗"按钮。

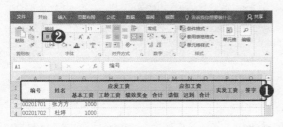

STEP 02 设置字体颜色 保持标题行文字的选中状态，❶ 在"开始"选项卡下"字

体"组中单击"字体颜色"下拉按钮，❷ 选择深红色。

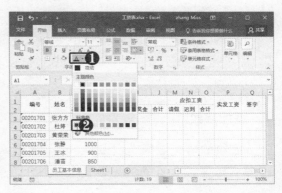

3．添加边框

Excel 表格是由大量的单元格组成的，在表格外围添加边框，可以明确显示出表格的范围，具体操作方法如下。

STEP 01 单击扩展按钮 ❶ 选择工作表中的数据单元格区域，❷ 单击"字体"组右下角的扩展按钮 ⬒。

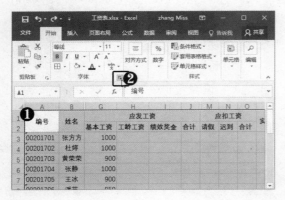

STEP 02 设置外边框 弹出"设置单元格格式"对话框，❶ 选择"边框"选项卡，❷ 在"样式"列表中选择合适的线条样式，❸ 在预置区域单击"外边框"按钮，在边框预览区域可以查看添加外边框后的效果。

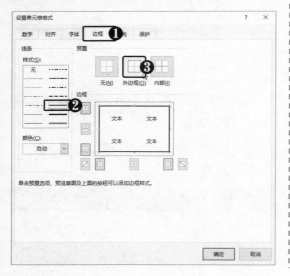

STEP 03 设置内边框 ❶ 在"样式"列表中选择合适的线条样式，❷ 在"颜色"下拉列表框中选择蓝色，❸ 在预置区域单击"内部"按钮，即可在预览区域中查看到添加内部边框后的效果，❹ 单击"确定"按钮。

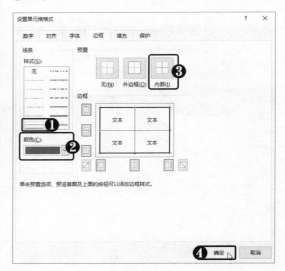

STEP 04 查看添加边框效果 内外边框添加完毕后，返回工作表，即可查看添加边框后的表格效果。

4．添加底纹

底纹的填充效果有很多种，除了最简单的纯色填充外，还可进行双色的渐变型填充、图案填充等。下面将以图案填充为例介绍单元格的底纹添加方法，具体操作方法如下。

STEP 01 单击扩展按钮 ❶ 选择要添加底纹的标题行单元格区域，❷ 在"字体"组右下角单击扩展按钮。

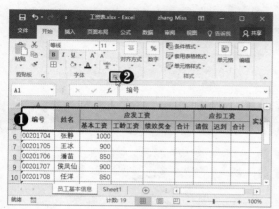

STEP 02 设置底纹样式 弹出"设置单元格格式"对话框，❶ 选择"填充"选项卡，❷ 在"背景色"选项区中选择浅灰色，❸ 在"图案颜色"下拉列表框中选择黄色，在"图案样式"下拉列表框中选择合适的图案样式，❹ 单击"确定"按钮。

STEP 03 查看添加底纹效果 此时工作表的标题行将添加上所选择的底纹。

STEP 04 更改工作表名称 ❶ 双击工作表标签位置，将工作表名称更改为"工资表"。❷ 单击快速启动栏中的"保存"按钮，保存文档。

高手点拨

在"填充"选项卡下单击"填充效果"按钮，在弹出的对话框中可以设置单元格渐变填充效果。要删除单元格填充效果，可在"开始"选项卡下单击"填充颜色"下拉按钮，选择"无颜色"选项。

Chapter

06

Excel 商务办公表格的公式与函数计算

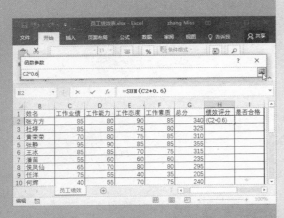

设置员工绩效表函数参数

在制作商务办公表格时，经常需要对大量的数据进行计算。借助 Excel 中的公式和函数，可以发挥其强大的数据计算功能，能够满足各种工作需要，既方便又快捷。本章将详细介绍 Excel 商务办公表格中公式和函数的应用方法与技巧。

6.1 制作员工绩效表

6.2 工资条的计算与打印

打印预览工资条

6.1 制作员工绩效表

员工绩效表是对员工的工作业绩、工作能力、工作态度以及个人品德等进行评价和统计的表格，是一种判断员工与岗位的要求是否相称的方法。下面将详细介绍员工绩效表的制作过程，其中涉及 Excel 公式与函数的应用。

6.1.1 计算绩效得分

员工绩效表中涉及到大量的计算，这时使用公式是最为快捷、高效的方法。员工绩效的得分计算使用了多种函数，如求总分的 SUM 函数、求平均分的 AVERAGE 函数、计算排名的 RANK.EQ 函数等。

1. 使用"求和"按钮求总分、平均分与计数等

因为求和、求平均值、求最值等计算较为常用，所以 Excel 在函数库中设置了"求和"下拉按钮，在其下拉列表中包含了求和、平均值、最值、计数等选项。在员工绩效表中进行以上运算的具体操作方法如下。

STEP 01 **单击"自动求和"按钮** 打开素材文件"员工绩效表"，❶ 选择 G2 单元格，❷ 在"开始"选项卡下"编辑"组中单击"自动求和"按钮。

STEP 02 **显示公式** 此时 G2 单元格内自动填充上求和公式，并识别出计算区域，使用虚线框选中。若需更改计算区域，可拖动鼠标重新选取。

STEP 03 **计算总分** 按【Enter】键确认公式后，即可在 G2 单元格中输入求和结果。将鼠标指针置于 G2 单元格右下角，当指针呈十字形状时向下拖动鼠标至 G13。

STEP 04 **自动填充求和公式** 此时会将求和公式自动填充至 G3:G13 单元格区域内，并计算出结果。

115

高手点拨

　　选择一个含有公式的单元格后，在表格上方的编辑栏中就会显示出该表格中含有的公式。

STEP 05 选择"平均值"选项　❶ 选择 C14 单元格，❷ 在"开始"选项卡下"编辑"组中单击"自动求和"下拉按钮，❸ 选择"平均值"选项。

STEP 06 计算平均值　此时 C14 单元格内将自动填充求平均值公式，并识别出计算区域，按【Enter】键确认即可得出计算结果。将鼠标指针置于 C14 单元格右下角，当指针呈十字形状时向下拖动鼠标至 G14。

STEP 07 自动填充平均值公式　此时会将求平均值公式自动填充至 D14:G14 单元格区域内，并计算出结果。

STEP 08 设置小数位数　❶ 选择 C14:G14 单元格区域，❷ 在"开始"选项卡下"数字"组中单击"减少小数位数"按钮。多次单击设置小数位数为一位。

 高手点拨

　　更改小数位数的方法是将单元格区域设置为"数值"格式，此时会显示两位小数，因为默认的数值格式的小数位数为两位。"数值"格式的默认小数位数可以在"设置单元格格式"对话框中的"数值"选项卡中设置。

STEP 09 选择"计数"选项　❶ 选择"总人数"右侧的单元格，❷ 在"开始"选项卡下"编辑"组中单击"自动求和"下拉按钮，❸ 选择"计数"选项。

STEP 10 选择计数区域 此时该单元格内自动填充 COUNT 函数，在表格中选择 G2:G13 单元格区域作为计数区域。

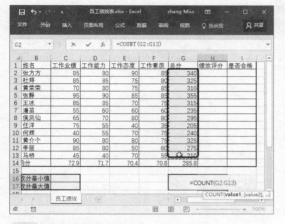

高手点拨

计数函数 COUNT 计算的是区域中包含数字的单元格的个数，所以该函数的计算区域不可选择"文本"格式的单元格。

STEP 11 得出计数结果 按【Enter】键确认所选计数区域，即可得出计数结果。

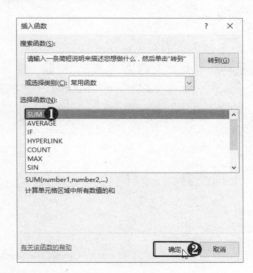

高手点拨

函数由函数名和相应的参数组成。函数名是固定不变的，参数的数据类型一般是数字和文本、逻辑值、数组、单元格引用和表达式等。

2. 使用公式计算绩效评分

绩效评分是由 60%的工作业绩、20%的工作能力、10%的工作态度以及 10%的工作素质组成的数值。下面将介绍绩效评分的计算过程，具体操作方法如下。

STEP 01 单击"插入函数"按钮 ❶ 选择 H2 单元格，❷ 在编辑栏中单击"插入函数"按钮。

STEP 02 插入函数 弹出"插入函数"对话框，❶ 在函数列表中选择 SUM 选项，❷ 单击"确定"按钮。

STEP 03 单击"选取"按钮 弹出"函数参数"对话框，单击 Number1 文本框右侧的"选取"按钮。

117

STEP 04 设置函数参数 ❶ 选择 C2 单元格，系统自动将 C2 填充到"函数参数"文本框中，❷ 在"函数参数"文本框中输入"*0.6"，❸ 单击文本框右侧的"返回"按钮。

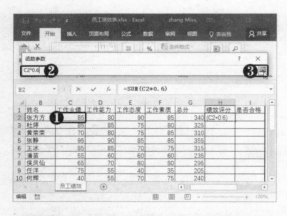

STEP 05 单击"选取"按钮 ❶ 选择 Nunber2 文本框，❷ 单击 Number2 文本框右侧的"选取"按钮。

STEP 06 设置函数参数 ❶ 选择 D2 单元格，系统自动将 D2 填充到"函数参数"文本框中，❷ 在"函数参数"文本框中输入"*0.2"，❸ 单击文本框右侧的"返回"按钮。

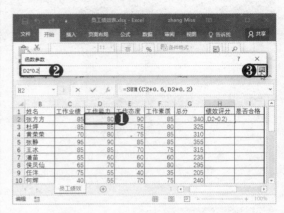

STEP 07 单击"选取"按钮 ❶ 选择 Nunber3 文本框，❷ 单击 Number3 文本框右侧的"选取"按钮。

STEP 08 设置函数参数 ❶ 选择 E2 单元格，系统自动将 E2 填充到"函数参数"文本框中，❷ 在"函数参数"文本框中输入"*0.1"，❸ 选择 F2 单元格，系统将 F2 填充到"函数参数"文本框内容"E2*0.1，"的右侧，❹ 在文本框的 F2 右侧输入"*0.1"，❺ 单击文本框右侧的"返回"按钮。

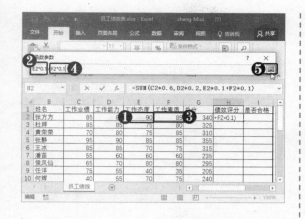

　　函数的参数可以全部输入到一个 Number 文本框中，也可分开输入到不同的 Number 文本框中。前面介绍的是将最后两个参数输入到一个 Number 文本框中，和输入到两个不同文本框中的计算结果一样，读者可以自行尝试。

STEP 09 **完成函数参数设置**　此时函数的参数设置已经完成，单击"确定"按钮进行确认。

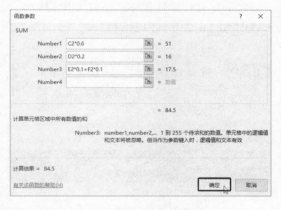

STEP 10 **查看绩效评分**　此时 H2 单元格内将显示计算出的绩效评分。将鼠标指针置于 H2 单元格的右下角，当指针呈十字形状时按住鼠标左键并向下拖动，拖至 H14 单元格为止。

STEP 11 **填充公式**　松开鼠标，系统会将公式 "=SUM(C12*0.6,D12*0.2,E12*0.1+ F12*0.1)" 填充到所选的单元格内，并计算出结果。

3. 使用 MAX 和 MIN 函数求最值

　　最值函数包括最大值函数和最小值函数，最值函数不仅可以通过"求和公式"下拉按钮进行计算操作，也可通过"插入函数"按钮进行操作。在对函数比较熟悉之后，还可直接选择需要应用公式的单元格，然后在编辑栏中输入公式即可执行公式计算。使用 MAX 和 MIN 函数求最值的具体操作方法如下。

STEP 01 **选择"最小值"选项**　❶ 选择 C16 单元格，❷ 在"开始"选项卡下"编辑"组中单击"自动求和"下拉按钮，❸ 选择"最小值"选项。

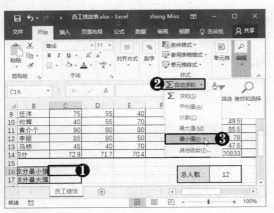

STEP 02 **选择计算区域** 此时最小值公式已填入 C16 单元格，拖动鼠标选择 H2:H13 单元格区域作为计算区域。

STEP 03 **查看计算结果** 按【Enter】键确认公式，即可得出计算结果。

STEP 04 **计算最大值** ❶ 选择 C17 单元格，❷ 在编辑栏中输入"=MAX(H2:H13)"，

此时，H2:H13 单元格区域自动处于选中的状态。

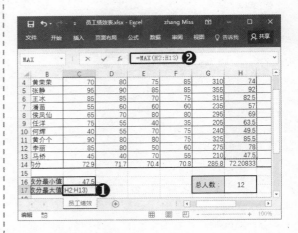

高手点拨

在输入公式时，必须以"="开始，然后输入公式的内容"MAX(H2:H13)"。其中，MAX 为函数；"(H2:H13)"是单元格引用，即函数 MAX 所作用的单元格区域。公式的内容还可包含运算符、常量等内容，如绩效评分计算公式"=SUM(C12*0.6,D12*0.2,E12*0.1+F12*0.1)"。

STEP 05 **查看计算效果** 按【Enter】键对输入的公式进行确认，即可在输入公式的单元格中显示计算结果。

4．使用 RANK.EQ 函数计算排名

RANK.EQ 函数是进行排位计算的函数，常用于求某一个数值在某一区域内的排名。语法格式为"RANK.EQ(number，ref，[order])"，其中 number 参数是需要进行排名的数值，ref 是排名所要参照的数值区域，order 是排名的方式。下面通过计算员工绩效评分的排名来介绍 RANK.EQ 函数的使用方法，具体操作方法如下。

STEP 01 插入列 ❶ 选择 I 列任一单元格，❷ 单击"插入"下拉按钮，❸ 选择"插入工作表列"选项。

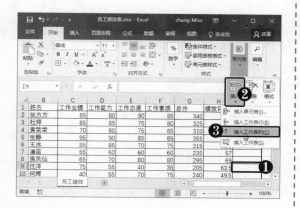

STEP 02 输入列名 ❶ 在新插入的列首单元格中输入列名"排名"，❷ 选择 I2 单元格，❸ 单击"插入函数"按钮 fx。

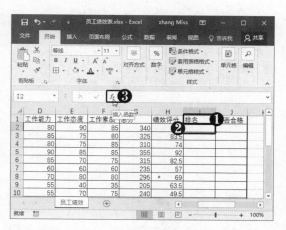

STEP 03 插入函数 弹出"插入函数"对话框，❶ 在"或选择类别"下拉列表框中选择"统计"选项，❷ 在"选择函数"列表中选择 RANK.EQ 函数，❸ 单击"确定"按钮。

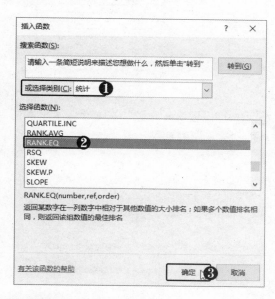

STEP 04 设置 Number 参数 弹出"函数参数"对话框，在 Number 文本框右侧单击"选取"按钮。

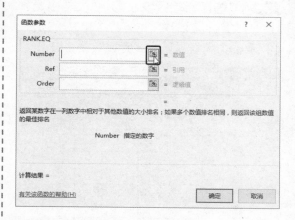

STEP 05 选择排名单元格 ❶ 在表格中选择 H2 单元格，系统自动将 H2 填充到"函数参数"文本框中，❷ 单击文本框右侧的"返回"按钮。

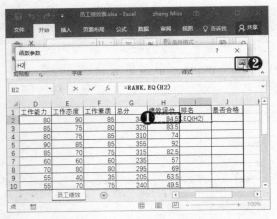

为"$H$2:$H$13",表示绝对引用，❷ 单击"确定"按钮。

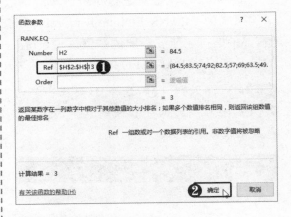

STEP 06 **设置Ref参数** 在Ref文本框右侧单击"选取"按钮📷。

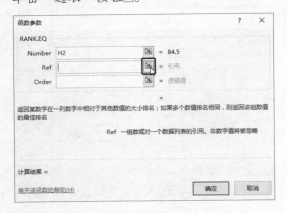

STEP 07 **选择比较区域** ❶ 在表格中选择H2:H13单元格区域，作为排名比较的范围，❷ 单击文本框右侧的"返回"按钮📷。

高手点拨

绝对引用主要应用于公式填充操作，如果不设置为绝对引用，则填充的公式将随着单元格地址的改变而改变，例如，I4单元格中填充的公式为"=RANK.EQ(H4,H4:H13)"，而不是需要的"=RANK.EQ(H4,H2:H13)"。

STEP 09 **显示排名结果** 此时I2单元格内显示计算出的排名，在单元格右下角拖动填充柄至I13单元格。

STEP 08 **设置绝对引用** ❶ 在Ref文本框中显示的字符前方都添加上符号"$"，即

STEP 10 **填充公式** 松开鼠标，即可将公式填充至I3:I13单元格区域内，显示排名结果。

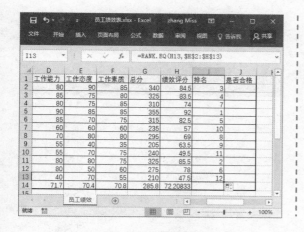

高手点拨

　　本例中介绍的函数参数设置方法均为单击"选取"按钮进入表格中选取，也可直接在参数文本框中输入相应的单元格地址。

5. 使用 IF 函数判断是否合格

　　IF 函数是一个逻辑判断函数，能根据指定的条件来判断真假，并根据真假而返回相应的内容。此函数的语法格式为 "IF(logical_test,value_if_true,value_if_false)"，其中 Logical_test 是逻辑测试条件，value_if_true 是判断为"真"时的返回值，value_if_false 是判断为"假"时的返回值。

　　下面通过判断绩效评分是否满 60 为例介绍 IF 函数的使用方法，具体操作方法如下。

STEP 01 单击"插入函数"按钮 ❶ 选择 J2 单元格，❷ 单击"插入函数"按钮 *fx*。

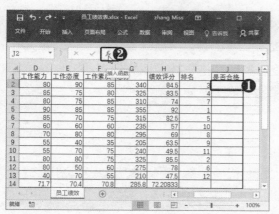

STEP 02 插入函数　弹出"插入函数"对话框，❶ 在"或选择类别"下拉列表框中选择"逻辑"选项，❷ 在"选择函数"列表中选择 IF 函数，❸ 单击"确定"按钮。

高手点拨

　　若使用 IF 函数后单元格出现 0，表示 value_if_true 或 value_if_false 参数无参数值。

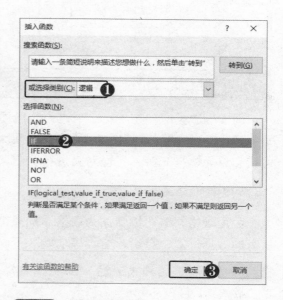

STEP 03 设置函数参数　弹出"函数参数"对话框，❶ 在 Logical_test 文本框中输入 H2>=60，在 Value_if_true 文本框中输入"合格"，在 Value_if_false 文本框中输入"不合格"，❷ 单击"确定"按钮。

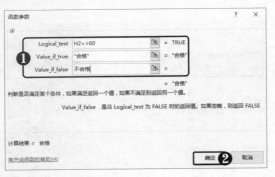

STEP 04 **显示判断结果** 此时 J2 单元格内显示判断的结果,在单元格右下角拖动填充柄至 J13 单元格。

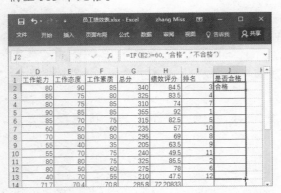

STEP 05 **填充公式** 松开鼠标,即可将公式填充至 J3:J13 单元格内,显示判断结果。

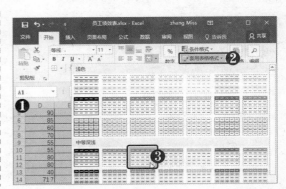

高手点拨

在另一个 IF 函数内使用 IF 函数,最多可以使用 64 个 IF 函数作为 value_if_true 和 value_if_false 参数相互嵌套,以构造更详尽的测试。

6.1.2 应用表格样式

同 Word 类似,在 Excel 中也为表格预设了多种表格样式,以方便表格的修饰。不同的是,Excel 的样式组内容要比 Word 更为丰富,除了基本的表格格式外,还包含条件格式和单元格样式等,下面对其进行介绍。

1. 套用表格格式

套用表格格式可以快速为表格添加修饰,同时使整个数据区域能够快速运用格式中带有的数据计算、分析、管理等功能。下面将介绍如何套用格式,具体操作方法如下。

STEP 01 **选择表格样式** ❶ 选择 A1:J14 单元格区域,❷在"开始"选项卡下"样式"组中单击"套用表格格式"下拉按钮,❸ 选择合适的表格样式。

STEP 02 设置数据来源 在弹出的"套用表格式"对话框中确认表数据的来源,单击"确定"按钮。

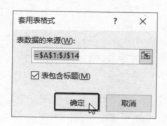

STEP 03 查看效果 此时即可在 A1:J14 单元格区域应用所选择的表格样式。

STEP 04 去除筛选按钮 ❶ 选择"设计"选项卡,❷ 在"表格样式选项"组中取消选中"筛选按钮"复选框,即可看到表格中标题行已经不再显示筛选按钮。

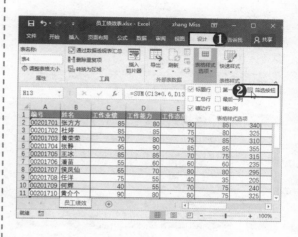

2.应用条件格式

为了更加快捷、清晰地查看表格中的大量数据,可以为表格数据设置特殊的条件格式,具体操作方法如下。

STEP 01 设置色阶条件格式 选择 G2:G13 单元格区域,❶ 选择"开始"选项卡,❷ 在"样式"组中单击"条件格式"下拉按钮,❸ 选择"色阶"选项,❹ 选择"绿-白-红色阶"选项。

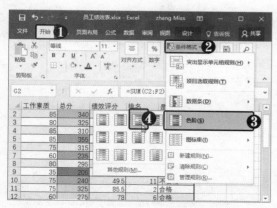

STEP 02 选择"小于"选项 ❶ 选择 H2:H13 单元格区域,❷ 在"开始"选项卡

下"样式"组中单击"条件格式"下拉按钮,❸ 选择"小于"选项。

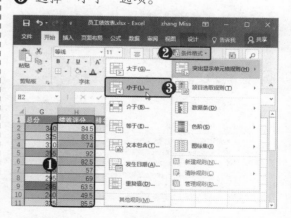

STEP 03 设置条件格式 弹出"小于"对话框,❶ 在"为小于以下值的单元格设置格式"文本框中输入 60,❷ 在"设置为"下拉列表框中选择"浅红色填充色深红色文本"选项,❸ 单击"确定"按钮。

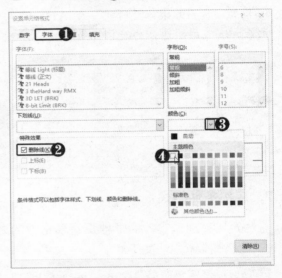

STEP 04 新建规则 ❶ 选择 B2:B13 单元格区域，❷ 在"开始"选项卡下"样式"组中单击"条件格式"下拉按钮，❸ 选择"新建规则"选项。

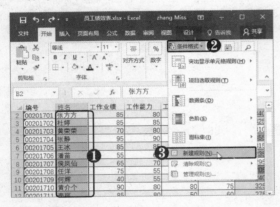

STEP 05 新建格式规则 弹出"新建格式规则"对话框，❶ 在"为符合此公式的值设置格式"文本框中输入"=$J2="不合格""，❷ 单击"格式"按钮。

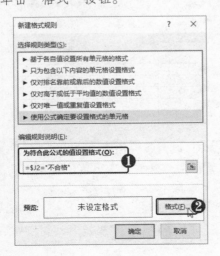

高手点拨

要注意，在向"为符合此公式的值设置格式"文本框中输入符号时，一定要在英文状态下输入，尤其注意标点符号。

STEP 06 设置字体格式规则 弹出"设置单元格格式"对话框，❶ 选择"字体"选项卡，❷ 选中"删除线"复选框，❸ 单击"颜色"下拉按钮，❹ 选择白色。

STEP 07 设置填充格式 ❶ 选择"填充"选项卡，❷ 在"背景色"选项区中选择深红，❸ 单击"确定"按钮。

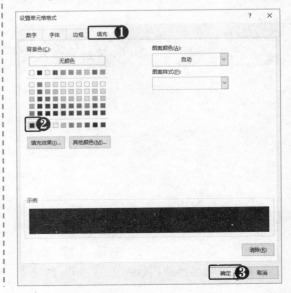

STEP 08 查看设置 在预览区域即可查看设置完成的格式，单击"确定"按钮完成规则的新建操作。

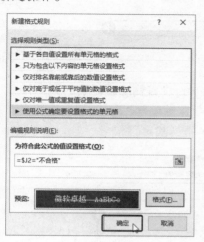

STEP 09 查看计算结果 返回表格窗口，查看新建规则的计算效果。单击"快速工具栏"中的"保存"按钮，保存文档。

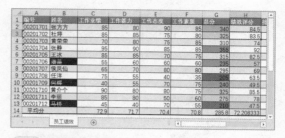

高手点拨

要清除工作表中的条件格式，可选择应用条件格式的单元格后，单击"条件格式"下拉按钮，选择"清除规则"选项。

6.2 工资条的计算与打印

在日常办公中，财务部门每个月都要对员工该月的工资发放情况制作工资表，并制作与打印每一个员工的工资条。下面将介绍应用公式计算员工工资，快速制作工资条并打印的整个过程。

6.2.1 使用公式计算工资

工资的计算会涉及很多公式，例如，基本工资是引用其他表格数据进行计算，需要使用 VLOOKUP 函数，工龄、绩效奖金是按照阶段划分，需要使用 IF 函数计算。

1．制作岗位基本工资标准表

基本工资一般都会根据岗位的不同设置不同的标准，例如，经理岗位的基本工资要比普通职员的基本工资高。下面先介绍岗位基本工资标准表的制作方法，具体操作方法如下。

STEP 01 新建工作表 打开素材文件"工资表"，❶ 新建工作表，并将其命名为"岗位基本工资标准表"，❷ 在表格中输入表头内容并居中。

STEP 02 复制岗位数据 ❶ 选择"工资表"中的"岗位"列数据，❷ 在"开始"选项卡下"剪贴板"组中单击"复制"按钮。

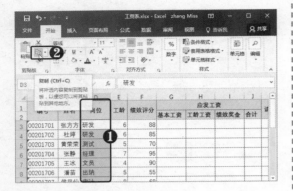

STEP 03 粘贴数据 ❶ 选择 A3 单元格，❷ 在"开始"选项卡下"剪贴板"组中单击"粘贴"按钮。

STEP 04 删除重复项 保持粘贴数据的选中状态，❶ 选择"数据"选项卡，❷ 在"数据工具"组中单击"删除重复项"按钮。

STEP 05 单击"删除重复项"按钮 弹出"删除重复项警告"对话框，❶ 选中"以当前选定区域排序"单选按钮，❷ 单击"删除重复项"按钮。

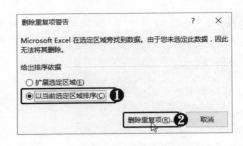

STEP 06 设置删除重复项的列 弹出"删除重复项"对话框，❶ 设置包含重复值的列，❷ 单击"确定"按钮。

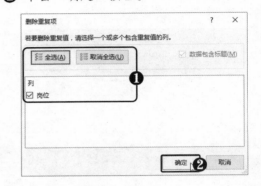

STEP 07 查看提示信息 在弹出的提示信息框中查看删除信息，单击"确定"按钮。

STEP 08 清除单元格格式 ❶ 选择粘贴过来的单元格区域，❷ 在"开始"选项卡下"编辑"组中单击"清除"下拉按钮，❸ 选择"清除格式"选项。

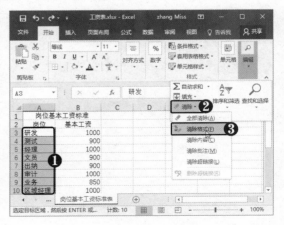

2．使用 VLOOKUP 函数计算基本工资

VLOOKUP 函数是 Excel 中的一个纵向查找函数，它与 LOOKUP 函数和 HLOOKUP 函数属于一类函数，在工作中都有广泛应用。VLOOKUP 是按列查找，最终返回该列所需查询列序所对应的值；与之对应的 HLOOKUP 是按行查找函数。VLOOKUP 函数格式为 VLOOKUP(lookup_value,table_array,col_index_num,range_lookup)，其语法规则如下表所示。

参数	简单说明	输入数据类型
lookup_value	要查找的值	数值、引用或文本字符串
table_array	要查找的区域	数据表区域
col_index_num	返回数据在查找区域的第几列数	正整数
range_lookup	模糊匹配	TRUE（或不填）/FALSE

下面引用岗位基本工资标准表进行工资计算，具体操作方法如下。

STEP 01 单击"插入函数"按钮 ❶ 选择 G3 单元格，❷ 在编辑栏左侧单击"插入函数"按钮 *fx*。

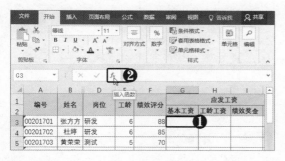

STEP 02 插入函数 弹出"插入函数"对话框，❶ 在"或选择类别"下拉列表框中选择"查找与引用"选项，❷ 在"选择函数"列表框中选择 VLOOKUP 函数，❸ 单击"确定"按钮。

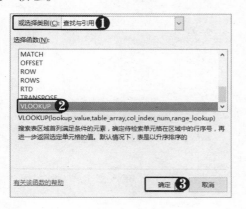

STEP 03 设置搜索值 弹出"函数参数"对话框，在 Lookup_value 文本框右侧单击"选取"按钮。

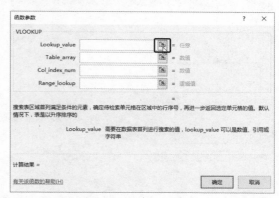

STEP 04 选择搜索值单元格 ❶ 在表格中选择 D3 单元格，系统自动将 D3 填充到"函数参数"文本框中，❷ 单击文本框右侧的"返回"按钮。

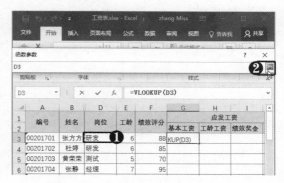

STEP 05 设置搜索数据信息表 在 Table_array 文本框右侧单击"选取"按钮。

STEP 06 选择搜索区域单元格 ❶ 选择"岗位基本工资标准表"工作表，❷ 拖动鼠标选择 A3:B12 单元格区域，❸ 单击"函数参数"文本框右侧的"返回"按钮。

STEP 07 设置查找参数 ❶ 将搜索区域的引用转换为绝对引用，即更改 Table_array 文本框内容为"岗位基本工资标准表!$A$3:$B$12"，设置满足条件的单元格在数组区域 table_array 中的序列号 Col_index_num 为 2，设置匹配程度 Range_lookup 为 FALSE，即大致匹配，❷ 单击"确定"按钮。

STEP 08 显示计算结果 此时单元格内成功插入函数，并显示计算结果。在 G3 单元格右下角拖动鼠标至 G14 单元格。

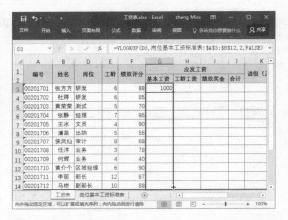

STEP 09 填充公式 松开鼠标，即可将公式填充至 G3:G14 单元格区域内，并显示计算结果。

3. 使用 IF 函数计算工龄工资

在不同的企业，工龄工资的标准也各不相同。在此假设工龄在 5 年以内的按每年增加 100 元，5 年以上者按每年增加 50 元累计计算，具体操作方法如下。

STEP 01 单击"插入函数"按钮 ❶ 选择 H3 单元格，❷ 在编辑栏左侧单击"插入函数"按钮 *fx*。

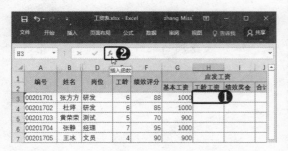

STEP 02 插入函数 弹出"插入函数"对话框，❶ 在"或选择类别"下拉列表框中选择"常用函数"选项，❷ 在"选择函数"列表框中选择 IF 函数，❸ 单击"确定"按钮。

STEP 03 设置判断条件 弹出"函数参数"对话框，在 Logical_test 文本框右侧单击"选取"按钮。

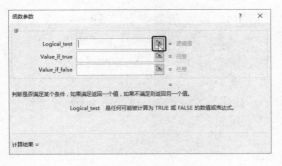

STEP 04 选择判断条件单元格 ❶选择 E3 单元格，系统自动将 E3 填充到"函数参数"文本框中，❷ 单击文本框右侧的"返回"按钮。

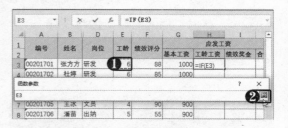

STEP 05 设置函数参数 ❶ 将判断条件补充完整，即在 Logical_test 文本框 E3 的右侧输入">5"，在 Value_if_true 文本框中输入"（E3-5）*50+5*100"，在 Value_if_false 文本框中输入"E3*100"，❷ 单击"确定"按钮。

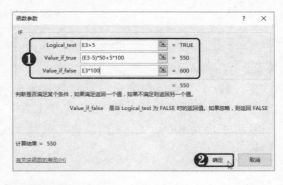

STEP 06 填充公式 在 H3 单元格右下角拖动鼠标至 H14 单元格处松开，即可将公式填充至 H3:H14 单元格区域内，并显示计算结果。

4. 使用嵌套 IF 函数计算绩效奖金

绩效奖金是根据员工该月的绩效评分计算得出，在此假设绩效奖金的计算方法为 60 分以下者无绩效奖金，60~85 分以每分 8 元计算，85 分以上以每分 12 元计算。绩效奖金的计算方法比工龄工资略微复杂一些，用到了 IF 函数的嵌套功能。

使用嵌套 IF 函数计算绩效奖金的具体操作方法如下。

STEP 01 单击"插入函数"按钮 ❶ 选择 I3 单元格，❷ 在编辑栏左侧单击"插入函数"按钮*fx*。

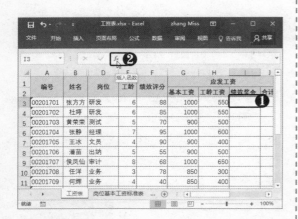

STEP 02 插入函数 弹出"插入函数"对话框，❶ 在"或选择类别"下拉列表框中选择"常用函数"选项，❷ 在"选择函数"列表框中选择 IF 函数，❸ 单击"确定"按钮。

STEP 03 设置判断条件 弹出"函数参数"对话框，在 Logical_test 文本框右侧单击"选取"按钮。

STEP 04 选择判断条件单元格 ❶ 选择 F3 单元格，系统自动将 F3 填充到"函数参数"文本框中，❷ 单击文本框右侧的"返回"按钮。

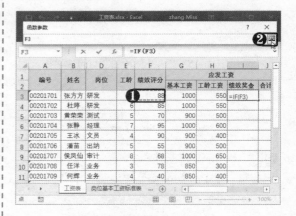

STEP 05 设置函数参数 ❶ 将判断条件补充完整，即在 Logical_test 文本框 F3 的右侧输入 "<60"，在 Value_if_true 文本框中输入 0，在 Value_if_false 文本框中输入 "IF(F3<85,F3*8,F3*12)"，❷ 单击"确定"按钮。

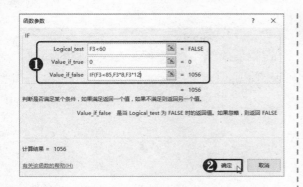

STEP 06 填充公式　在 I3 单元格右下角拖动鼠标至 I14 单元格处松开，即可将公式填充至 I3:I14 单元格区域内,并显示计算结果。

5. 使用公式计算应扣工资

应扣工资中包含请假与迟到两项，其中假设请假每天扣 100 元，迟到每次扣 20 元计算，具体操作方法如下。

STEP 01 输入公式　❶ 选择 M3 单元格，❷ 在编辑栏中输入公式"=K3*100"，并按【Enter】键确认，此时即可在 M3 单元格内查看计算结果。

资		请假（天）	迟到（次）	应扣工资			实发工资	签字
绩效奖金	合计			请假	迟到	合计		
1056		0	2	0				
1020		0	0					
560		0	0					
1140		0	0					

STEP 02 填充公式　在 M3 单元格右下角拖动鼠标至 M14 单元格处松开，即可将公式填充至 M3:M14 单元格区域内,并显示计算结果。

资		请假（天）	迟到（次）	应扣工资			实发工资	签字
绩效奖金	合计			请假	迟到	合计		
1056		0	2	0				
1020		0	0	0				
560		2	0	200				
1140		0	0	0				
1080		0	0	0				
		1	1	100				
544		0	0	0				
624		0	3	0				
		0	0					
1080		0	0	0				
1044		2	0	200				
1056		0	0	0				

STEP 03 输入公式　❶ 选择 N3 单元格，❷ 在编辑栏中输入公式"=L3*20"，并按【Enter】键确认，此时即可在 N3 单元格内查看计算结果。

资		请假（天）	迟到（次）	应扣工资			实发工资	签字
绩效奖金	合计			请假	迟到	合计		
1056		0	2	0	40			
1020		0	0					
560		2	0	200				
1140		0	0					
1080		0	0					

STEP 04 填充公式　在 N3 单元格右下角拖动鼠标至 N14 单元格处松开，即可将公式填充至 N3:N14 单元格区域内,并显示计算结果。

资		请假（天）	迟到（次）	应扣工资			实发工资	签字
绩效奖金	合计			请假	迟到	合计		
1056		0	2	0	40			
1020		0	0	0				
560		2	0	200				
1140		0	0	0				
1080		0	0	0				
		1	1	100	20			
544		0	0	0				
624		0	3	0	60			
		0	0					
1080		0	0	0				
1044		2	0	200	0			
1056		0	0	0				

6. 使用SUM函数计算工资和

SUM函数是返回某一单元格区域中数字、逻辑值及数字的文本表达式之和的函数。下面通过SUM函数计算工资和，具体操作方法如下。

STEP 01 单击"插入函数"按钮 ❶ 选择 J3单元格，❷ 在编辑栏左侧单击"插入函数"按钮f_x。

STEP 02 插入函数 弹出"插入函数"对话框，❶ 在"或选择类别"下拉列表框中选择"常用函数"选项，❷ 在"选择函数"列表框中选择SUM函数，❸ 单击"确定"按钮。

STEP 03 设置函数参数 弹出"函数参数"对话框，在Number1文本框右侧单击"选取"按钮。

STEP 04 选择函数参数 ❶ 拖动鼠标选择 G3:I3单元格区域，❷ 单击"函数参数"文本框右侧的"返回"按钮。

STEP 05 完成参数设置 此处将SUM函数所需计算的数值设置为一个参数Number1，单击"确定"按钮。

STEP 06 填充公式　此时 J3 单元格内显示判断结果。在单元格右下角拖动填充柄至 J14 单元格处后松开鼠标，即可将公式填充至 J4:J14 单元格区域内，并显示计算结果。

	E	F	G	H	I	J	K	L
1	工龄	绩效评分	应发工资				请假（天）	迟到（次）
2			基本工资	工龄工资	绩效奖金	合计		
3	6	88	1000	550	1056	2606		0
4	6	85	1000	550	1020	2570		0
5	5	70	900	500	560	1960		2
6	7	95	1000	600	1140	2740		0
7	4	90	900	400	1080	2380		0
8	5	55	900	500	0	1400		1
9	8	68	1000	650	544	2194		0
10	3	78	850	300	624	1774		0
11	4	40	850	400	0	1250		0
12	6	90	1000	550	1080	2630		2
13	12	87	1100	850	1044	2994		2
14	10	88	1000	750	1056	2806		0

工资表　岗位基本工资标准 …

STEP 07 计算应扣工资合计　采用同样的方法计算应扣工资的合计，并将公式填充到 O 列所需的单元格区域内，得出全部计算结果。

	I	J	K	L	M	N	O	P	Q
1	资		请假（天）	迟到（次）	应扣工资			实发工资	签字
2	绩效奖金	合计			请假	迟到	合计		
3	1056	2606	0	2	0	40	40		
4	1020	2570	0	0	0	0	0		
5	560	1960	2	0	200	0	200		
6	1140	2740	0	0	0	0	0		
7	1080	2380	0	0	0	0	0		
8	0	1400	1	1	100	20	120		
9	544	2194	0	0	0	0	0		
10	624	1774	0	3	0	60	60		
11	0	1250	0	0	0	0	0		
12	1080	2630	0	0	0	0	0		
13	1044	2994	2	0	200	0	200		

工资表　岗位基本工资标准表 …

STEP 08 单击"插入函数"按钮　❶ 选择 P3 单元格，❷ 在编辑栏左侧单击"插入函数"按钮 fx。

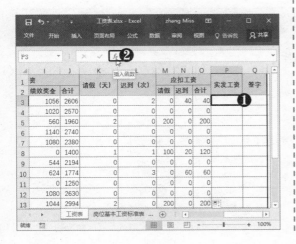

STEP 09 插入函数　弹出"插入函数"对话框，❶ 在"或选择类别"下拉列表框中选择"常用函数"选项，❷ 在"选择函数"列表框中选择 SUM 函数，❸ 单击"确定"按钮。

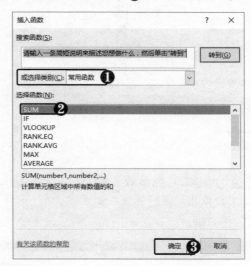

STEP 10 设置函数参数　弹出"函数参数"对话框，在 Number1 文本框右侧单击"选取"按钮 。

STEP 11 选择函数参数　❶ 选择 J3 单元格，❷ 单击"函数参数"文本框右侧的"返回"按钮 。

STEP 12 设置函数参数 在 Number2 文本框右侧单击"选取"按钮。

STEP 13 选择函数参数 ❶ 选择 O3 单元格，❷ 单击"函数参数"文本框右侧的"返回"按钮。

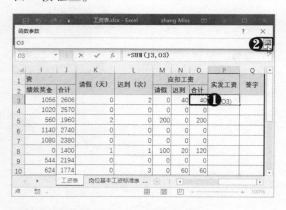

STEP 14 设置函数参数 ❶ 在 Number2 文本框中添加负号，表示减去该值，❷ 单击

"确定"按钮。

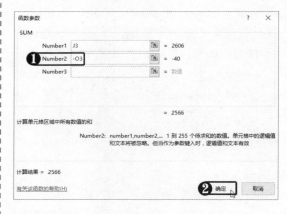

STEP 15 填充公式 此时 P3 单元格内显示判断结果。在单元格右下角拖动填充柄至 P14 单元格处后松开鼠标，即可将公式填充至 P4:P14 单元格区域内，并显示计算结果。

6.2.2 制作工资条

工资计算完毕并审核完成后，就需要制作成工资条并打印出来，使员工能够清楚地了解自己的工资组成。下面首先介绍工资条的制作方法。

1. 创建工资条的框架

工资条中需要有每项数据的说明，且所有员工的工资条基本框架应该是一样的，这就要求工资条的列标题要统一显示。工资条的制作方法如下。

STEP 01 新建工作表并复制标题行 ❶ 新建"工资条"工作表，❷ 单击第 1、2 行的

行号选择标题行，❸ 在"开始"选项卡下"剪贴板"组中单击"复制"按钮。

STEP 02 粘贴标题行内容 ❶ 选择"工资
条"工作表，❷ 选择 A1 单元格，❸ 在"开
始"选项卡下"剪贴板"组中单击"粘贴"
按钮。

STEP 03 自动调整列宽 ❶ 保持标题行的

选中状态，❷ 在"开始"选项卡下"单元
格"组中单击"格式"下拉按钮，❸ 选择
"自动调整列宽"选项。

STEP 04 添加边框 为表格添加合适的边
框，查看设置效果。

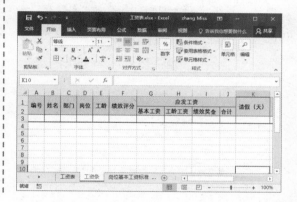

2．使用 OFFSET 公式快速生成工资条

在 Excel 中，OFFSET 函数的功能为以指定的引用为参照系，通过给定偏移量得到
新的引用。返回的引用可以为一个单元格或单元格区域，并可以指定返回的行数或列数。

函数的语法格式为"OFFSET(reference,rows,cols,height,width)"，其中，Reference 是
偏移量参照系的引用区域，必须为对单元格或相连单元格区域的引用；Rows 是相对于
偏移量参照系的左上角单元格，上（下）偏移的行数；Cols 是相对于偏移量参照系的左
上角单元格，左（右）偏移的列数；Height 是高度，即所要返回的引用区域的行数；Width
是宽度，即所要返回的引用区域的列数。Height、Width 均必须为正数，不可为负。

工资条中的引用地址将随着公式所在单元格地址的变化而变化，通过 ROW()函数获
得当前公式所在的行数，通过 COLUMN()函数获得当前公式所在的列数。

制作工资条的具体操作方法如下。

STEP 01 插入函数 ❶ 在"工资条"工作表中选择 A3 单元格，❷ 单击编辑栏左侧的"插入函数"按钮 *fx*。

STEP 02 选择 OFFSET 函数 弹出"插入函数"对话框，❶ 在"或选择类别"下拉列表框中选择"查找与引用"选项，❷ 在"选择函数"列表框中选择 OFFSET 函数，❸ 单击"确定"按钮。

STEP 03 设置函数参数 弹出"函数参数"对话框，在 Reference 文本框右侧单击"选取"按钮。

高手点拨

也可在单元格中直接手动输入函数，此时需要牢记函数的语法规则，否则容易出错，返回错误的代码。

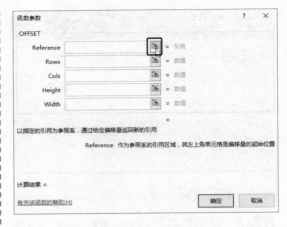

STEP 04 选取引用区域 ❶ 选择 A1 单元格，❷ 单击"函数参数"文本框右侧的"返回"按钮。

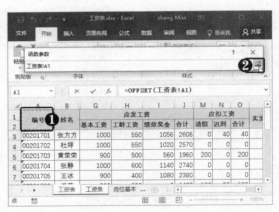

STEP 05 设置函数参数 ❶ 将引用转换为绝对引用，即为引用地址添加$符号，更改为"工资表!$A$1"，设置 Rows 参数为公式当前行数除以 4 再加 2，设置 Cols 参数为当前列数减 1，❷ 单击"确定"按钮。

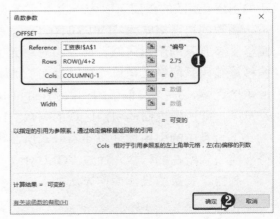

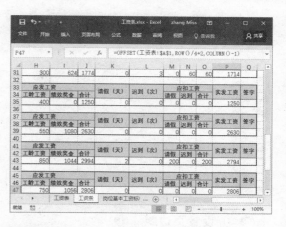

高手点拨

OFFSET函数的Rows参数设置依据：4是工资条内容占用三行，外加一个空行，所以除以4；2是因为工资表的标题行为2行，所以加2。

STEP 06 填充公式 此时A3单元格内显示计算结果。在单元格右下角拖动填充柄至Q3单元格处后松开鼠标，即可将公式填充至B3:Q3单元格区域内，并显示计算结果。

STEP 08 查看工资条效果 调整列为合适的宽度，缩小显示比例，即可查看生成的工资条。

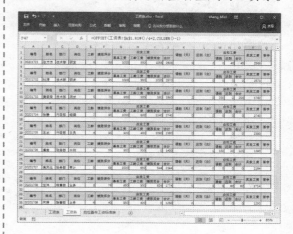

STEP 07 填充单元格 选择A1:Q4单元格区域，即工资条的基本框架加一个空行，在该单元格区域右下角拖动填充柄至48行，即可生成全部员工的工资条。

6.2.3 打印工资条

工资条制作完成后，需要对工资条的纸张方向、缩放比例等进行设置，并隐藏不需显示的列，经过一些打印设置之后才能打印出较好的效果。

下面将介绍如何打印工资条，具体操作方法如下。

STEP 01 隐藏列 ❶ 选择不需要显示的列并右击，❷ 在弹出的快捷菜单中选择"隐藏"命令。

STEP 02 打印预览 选择"文件"选项卡，在左侧选择"打印"命令，在右侧可进行打印预览，根据预览效果可对纸张等参数进行设置。

高手点拨

在打印工作表之前，可在"页面布局"视图中快速对工作表进行微调。如设置纸张方向和缩放、设置页边距、设置页眉和页脚、插入分页符等。

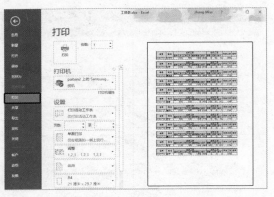

STEP 03 设置页边距 ❶ 单击"页边距"下拉按钮，❷ 选择"窄"选项。

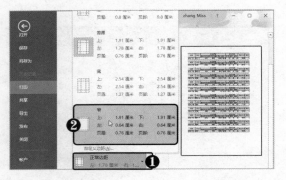

STEP 04 设置打印缩放比例 ❶ 单击"缩放"下拉按钮，❷ 选择"自定义缩放选项"选项。

STEP 05 设置缩放比例 弹出"页面设置"对话框，❶ 在"缩放"选项区中设置"缩放比例"为120%，❷ 单击"确定"按钮。

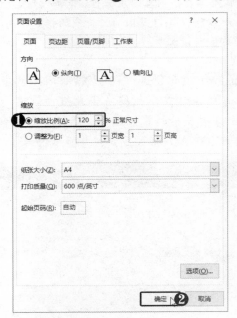

STEP 06 打印工资条 ❶ 设置打印份数，❷ 单击"打印"按钮，即可打印该表格。

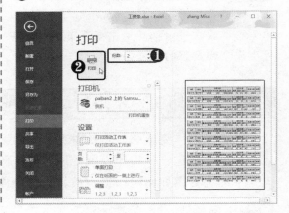

Chapter

07

Excel 表格数据的排序、汇总与筛选

当 Excel 表格含有大量数据时，如果不对数据进行一些处理，分析起来会非常麻烦、费时费力。利用 Excel 的排序、汇总和筛选功能能够从大量数据中快速了解表格的数据信息，并且轻松提取有效数据进行分析处理。本章将详细介绍如何应用排序、筛选等功能对商务办公表格数据进行分析与处理。

插入成绩通过表标题行

按日期升序排列固定资产表

7.1 制作员工成绩通过表

7.2 制作固定资产统计表

7.3 制作办公财产分析表

7.1 制作员工成绩通过表

考评成绩表中虽然已经完整地罗列了员工的所有成绩，但为了方便查看，常常需要按总成绩或某一项成绩的高低进行排序。排序除了可以清楚地查看员工的排名，也可以快速得知不合格成绩及具体信息。下面将以制作员工成绩通过表为例，介绍如何对 Excel 表格数据进行排序与筛选。

7.1.1 对员工成绩进行排序

排序的方法有很多种，最简单的方法就是在"数据"选项卡下"排序和筛选"组中直接单击"排序"、"升序"或"降序"按钮，即可对选择的数据进行相应的排序。下面将介绍另外两种数据排序的方法，分别为表格筛选和自定义排序。

1．使用筛选按钮快速排序

表格的筛选列表中包括排序选项，通过该选项可快速对表格中相应列的数据进行排序。例如，本例要查看员工的考评成绩合格情况，可对"是否合格"进行排序，具体操作方法如下。

STEP 01 将单元格区域转换为表格　打开素材文件"考评成绩表"，❶ 选择 A1:J13 单元格区域，❷ 选择"插入"选项卡，❸ 在"表格"组中单击"表格"按钮。

STEP 02 创建表　在弹出的"创建表"对话框中单击"确定"按钮。

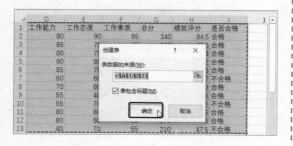

> **高手点拨**
>
> 此处在将单元格区域转换为表格时，先选择了需要转换的单元格区域，也可在弹出"创建表"对话框后拖动鼠标，选择需要转换为表格的单元格区域。

STEP 03 升序排列　在创建完成的表格中，❶ 选中"合格"和"不合格"复选框，❷ 选择"降序"选项。

STEP 04 查看排序结果　此时表格已按照"是否合格"列降序排列，查看排序结果。

2. 自定义多个关键字进行排序

　　对表格数据排序时，如果排序的关键字中存在多个相同数据，为了方便查看，可以将这些相同的数据按另一个关键字中的数据再次进行排序。例如，本例中合格与不合格的成绩均有多个，可以定义另一个关键字再次排序，具体操作方法如下。

STEP 01 选择"自定义排序"选项 ❶ 选择表格中的任一单元格，❷ 在"开始"选项卡下"编辑"组中单击"排序和筛选"下拉按钮，❸ 选择"自定义排序"选项。

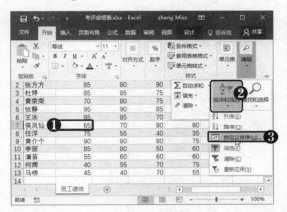

STEP 02 单击"添加条件"按钮 在弹出的"排序"对话框中单击"添加条件"按钮。

STEP 03 设置关键字选项 ❶ 设置次要关键字的"列"为"姓名"，❷ 单击"选项"按钮。

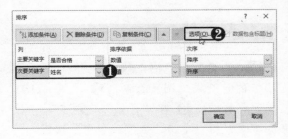

STEP 04 设置排序选项 弹出"排序选项"对话框，❶ 在排序"方法"选项区中选中"笔划排序"单选按钮，❷ 单击"确定"按钮。

STEP 05 设置排序次序 返回"排序"对话框，❶ 设置"排序依据"为"数值"，"次序"为"降序"，❷ 单击"确定"按钮。

STEP 06 查看排序结果 此时将显示经过自定义排序后的结果。

7.1.2 制作员工成绩通过表

为了方便数据的查看，可以将暂时不需要的数据隐藏起来，这时就要用到数据的筛选。例如，本例中需要筛选出成绩合格的员工，制作员工成绩通过表。筛选数据的具体操作方法如下。

STEP 01 **筛选数据** ❶ 单击"是否合格"筛选按钮，❷ 取消选择"不合格"复选框，❸ 单击"确定"按钮。

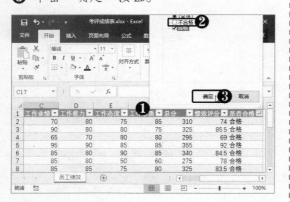

STEP 02 **降序排序** 此时表格已将不合格成绩隐藏起来，❶ 单击"总分"筛选按钮，❷ 选择"降序"选项，表格数据将按总分进行降序排列。

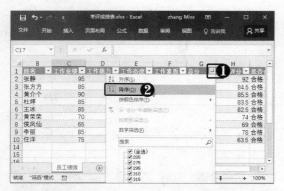

高手点拨

表格中的数据经过筛选操作隐藏起来，但并没有被删除，通过清除筛选可以再次显示出来。单击设置筛选的筛选按钮，选择"从…中清除筛选"选项，即可显示被隐藏的数据。

STEP 03 **隐藏列** ❶ 在列标位置拖动鼠标选择需要隐藏的C~F列，按住【Ctrl】键的同时单击H列列标选择该列，❷ 在列标位置右击，❸ 选择"隐藏"命令。

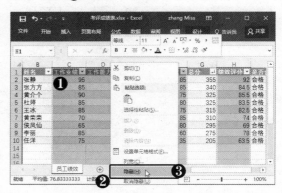

STEP 04 **插入标题行** 双击表格标签，❶ 输入表格名称"成绩通过表"，❷ 单击第1行的行号选择该行，❸ 在"开始"选项卡下"单元格"组中单击"插入"下拉按钮，❹ 选择"插入工作表行"选项。

STEP 05 **合并单元格** ❶ 拖动第1行行号下方的分割线，调整行高，❷ 选择A1:I1单元格区域，❸ 在"开始"选项卡下"对齐方式"组中单击"合并后居中"按钮。

STEP 06 插入艺术字 ❶ 选择"插入"选项卡，❷ 在"文本"组中单击"艺术字"下拉按钮，❸ 选择合适的艺术字字体。

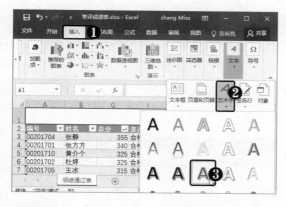

STEP 07 设置艺术字字体格式 弹出艺术字文本框，❶ 输入文字"成绩通过名单"，❷ 在"开始"选项卡下"字体"中设置艺术字"字体"为"黑体"、"字号"为 18。将文本框放到 A1 单元格的合适位置。

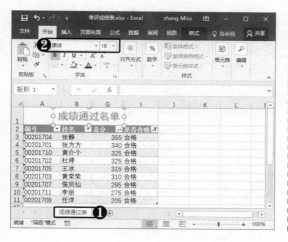

STEP 08 单击"浏览"按钮 选择"文件"选项卡，❶ 选择"另存为"命令，❷ 单击"浏览"按钮。

STEP 09 设置保存选项 弹出"另存为"对话框，❶ 选择保存位置，❷ 在"文件名"文本框中输入文件名"员工成绩通过表"，❸ 单击"保存"按钮。

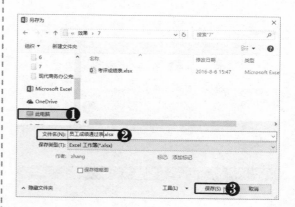

高手点拨

在筛选数据时可以使用通配符，其中"?"表示任意单个字符；"*"表示任意数量的字符；"~"后跟"?"、"*"或"~"，表示查找问号、星号或波形符。

7.2　制作固定资产统计表

固定资产统计表是对公司的固定资产进行多种详细分析之后组成的统计表格,统计表中包含多张统计分析表格。虽然前面介绍的员工成绩通过表中包含了筛选出的有效数据,大大方便了查看与处理,但也更改了原表数据。当再次需要查看原表数据时,就需要大量的恢复操作,这会降低工作效率,因此在制作固定资产统计表时需要使用高级筛选功能。

7.2.1　利用高级筛选功能分析资产购买情况

高级筛选功能的应用需要先设定筛选条件,筛选条件由字段名称和条件表达式组成。字段名称指的是进行筛选表格区域中首行的列标题名称,字段名称必须与列标题名称完全相同;条件表达式以比较运算符开头,有多个筛选条件时可将多个筛选条件并排,条件表达式必须在字段名称下方的单元格中。下面将介绍如何利用高级筛选功能分析资产购买情况。

1. 普通筛选

本例中以筛选电脑的购买情况到本表格为例,介绍高级筛选的普通应用,具体操作方法如下。

STEP 01 创建筛选条件 ❶ 选择任一空白单元格,如 A24 单元格,输入字段名称即列标题"名称",❷ 在字段名称下方的 A25 单元格内输入筛选条件"电脑",即筛选出"名称"为"电脑"的数据,❸ 选择"筛选"选项卡,❹ 在"排序和筛选"组中单击"高级"按钮。

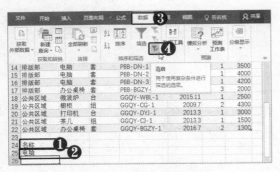

STEP 02 设置列表区域 弹出"高级筛选"对话框,❶ 选中"将筛选结果复制到其他位置"单选按钮,❷ 选择"列表区域"选项,❸ 在表格内拖动鼠标选择 A1:G22 单元格区域。

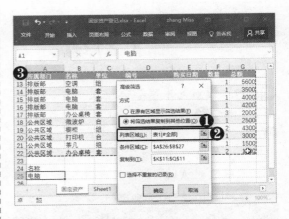

STEP 03 设置条件区域 ❶ 在"条件区域"文本框中定位光标,❷ 在表格内拖动鼠标选择 A24:A25 单元格区域。

STEP 04 设置"复制到"选项　❶ 选择"复制到"选项，❷ 在表格中选择 A27 单元格，❸ 单击"确定"按钮。

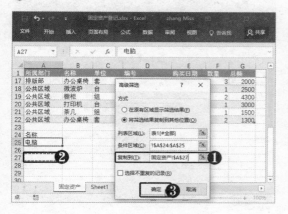

STEP 05 查看筛选结果　此时即可在表格内查看筛选数据后的结果。

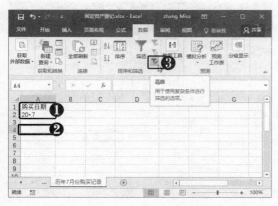

2. 模糊筛选

　　模糊筛选是指筛选条件为目标条件的一部分，其余部分使用通配符代替，一般用于对目标条件不是很明确或需要通过关键词检索出较多的检索结果等情况。例如，筛选名字中含有"方"字的员工姓名，或筛选所有姓"李"的员工数据。通配符包括星号（＊）和问号（？），其中星号（＊）代表任意多个字符，问号（？）代表任意一个字符。

　　本例使用模糊筛选功能筛选每年 7 月份固定资产的购买记录，具体操作方法如下。

STEP 01 设置筛选条件　新建工作表并命名为"历年 7 月份购买记录"，❶ 在 A1 单元格内输入字段名称"购买日期"，在 A2 单元格内输入筛选条件"*.7"，❷ 选择表格内任一空白单元格，❸ 在"数据"选项卡下"排序和筛选"组中单击"高级"按钮。

高手点拨

　　在步骤 01 的❷中之所以选择一个空白单元格是因为执行"高级筛选"命令后首先会执行"列表区域"命令，系统会按照当前所选单元格，自动检索列标签并确定列表区域。若所选单元格非法导致检索失败，便会弹出警告信息框，提示用户当前列表或选定区域无列标签，无法执行高级筛选命令。所以一般先选择空白单元格，然后自行指定列表区域。

STEP 02 设置列表区域　弹出"高级筛选"对话框，❶ 选中"将筛选结果复制到其他位置"单选按钮，❷ 在"列表区域"文本框中定位光标，❸ 选择"固定资产"工作表，❹ 选择 A1:G22 单元格区域。

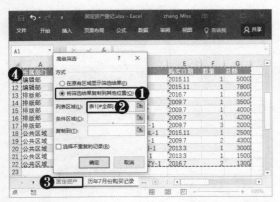

高手点拨

　　一般情况下，数值格式进行数值大小的比较，如：等于、不等于、大于、大于或等于、小于、小于或等于等；文本格式用等于、包含、不包含，以及通配符（?、*）等进行筛选。所以上面涉及到数字的筛选时，需先将数字转换为文本格式。另外，格式转换后需要双击单元格或单击编辑栏或按【F2】键进行激活，激活后的单元格前方会显示绿色的倒三角，且单元格在选中状态下前方会显示提示：以文本形式存储的数字。

STEP 03 设置条件区域 ❶ 选择"条件区域"选项，❷ 在"历年7月份购买记录"表格内选择A1:A2单元格区域。

STEP 04 设置复制到选项 ❶ 在"复制到"文本框中定位光标，❷ 在"历年7月份购

买记录"表格内选择A4单元格，❸ 单击"确定"按钮。

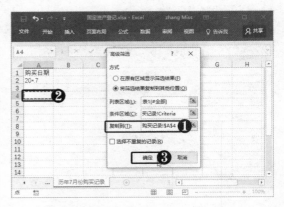

STEP 05 查看筛选数据结果 此时即可在表格内查看筛选数据后的结果。

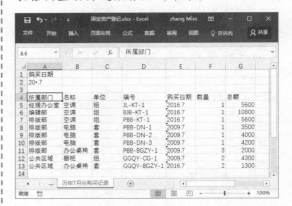

STEP 06 按日期升序排列 ❶ 选择"购买日期"列任一单元格，❷ 选择"数据"选项卡，❸ 在"排序和筛选"组中单击"升序"按钮 ，即可按照日期升序排列。

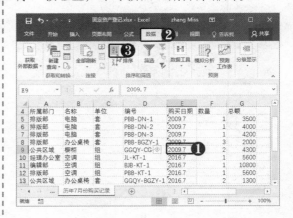

3. 多个条件的"与"筛选

"与"筛选指的是筛选数据同时符合多个条件的筛选操作。下面以筛选出编辑部和排版部在 2010 年之后购买总额在 4000 元以下的物品为例进行介绍,具体操作方法如下。

STEP 01 设置筛选条件 新建工作表,并命名为"2010 年后部门小额购买记录",❶ 输入筛选条件,❷ 选择任一空白单元格,如 A4,❸ 在"数据"选项卡下"排序和筛选"组中单击"高级"按钮。

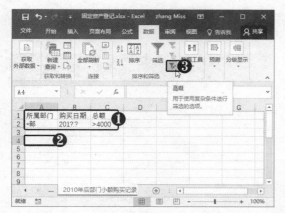

STEP 02 设置列表区域 弹出"高级筛选"对话框,❶ 选中"将筛选结果复制到其他位置"单选按钮,❷ 选择"列表区域"选项,❸ 选择"固定资产"工作表,❹ 选择 A1:G22 单元格区域。

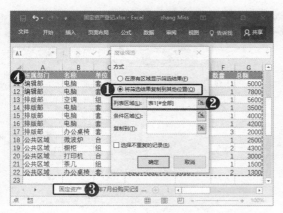

STEP 03 设置条件区域 ❶ 选择"条件区域"选项,❷ 在"2010 年部门小额购买记录"表格内选择 A1:C2 单元格区域。

STEP 04 设置复制到选项 ❶ 在"复制到"文本框中定位光标,❷ 在"2010 年部门小额购买记录"表格内选择 A4 单元格,❸ 单击"确定"按钮。

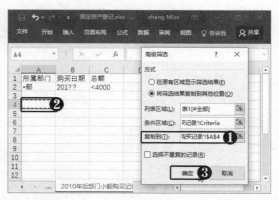

STEP 05 查看筛选结果 此时即可在表格内查看筛选数据后的结果。

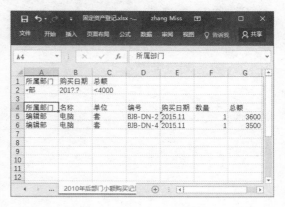

4. 多个条件的"或"筛选

　　"或"筛选指的是筛选数据只需满足多个条件中的一个以上条件即可的筛选操作，"或"筛选的筛选操作与"与"筛选大致相同，区别在于筛选条件的创建。"与"筛选的多个筛选条件均在同一水平单元格内，"或"筛选的筛选条件是呈梯形形状。下面以筛选出公司所有物品中数量在两个以上或者物品总额超过6000元的数据记录进行介绍，具体操作方法如下。

STEP 01 设置筛选条件 ❶ 选择"2010年后部门小额购买记录"工作表，❷ 在A9:B11 单元格区域内输入筛选条件，❸ 选择任一空白单元格，如 A13，❹ 在"数据"选项卡下"排序和筛选"组中单击"高级"按钮。

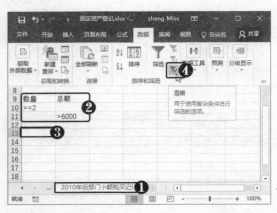

STEP 02 设置列表区域 弹出"高级筛选"对话框，❶ 选中"将筛选结果复制到其他位置"单选按钮，❷ 在"列表区域"文本框中定位光标，❸ 选择"固定资产"工作表，❹ 选择 A1:G22 单元格区域。

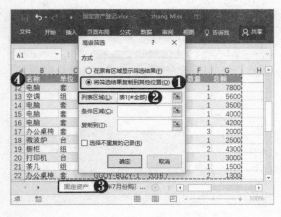

STEP 03 设置条件区域 ❶ 在"条件区域"文本框中定位光标，❷ 在"2010 年部门小额购买记录"工作表中选择 A9:B11 单元格区域。

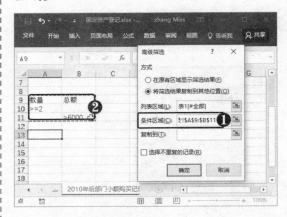

STEP 04 设置"复制到"选项 ❶ 在"复制到"文本框中定位光标，❷ 在"2010 年部门小额购买记录"工作表中选择 A13 单元格，❸ 单击"确定"按钮。

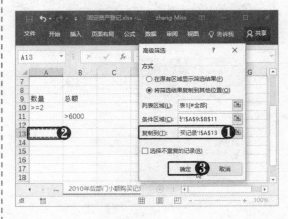

STEP 05 查看筛选结果 此时即可在表格内查看筛选数据后的结果。

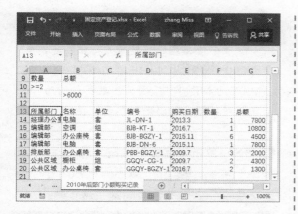

框中确认表数据的来源，单击"确定"按钮。

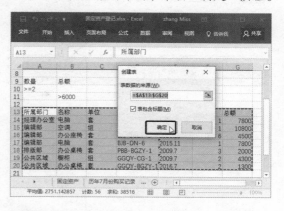

STEP 06 **插入表格** ❶ 选择筛选出的数据单元格区域 A13:G20，❷ 选择"插入"选项卡，❸ 在"表格"组中单击"表格"按钮。

STEP 08 **插入表格** 此时即可为 A13:G20 单元格区域插入表格。为其他筛选出的表格数据执行插入表格操作，以方便数据的查看。

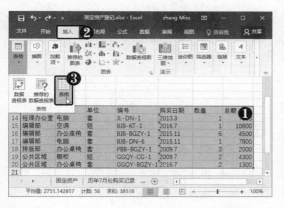

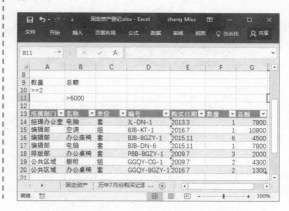

STEP 07 **创建表** 在弹出的"创建表"对话

5. 应用公式筛选同一字段

在高级筛选中，筛选条件不仅可以是公式的运算结果，还可以是同一字段的多个限制条件。下面以筛选出最高总额与最低总额的购买记录为例进行介绍，具体操作方法如下。

STEP 01 **创建筛选条件** ❶ 选择"历年 7 月份购买记录"工作表，❷ 在 A16 单元格中输入字段名称"总额"，❸ 选择 A17 单元格，❹ 在"开始"选项卡下"编辑"组中单击"自动求和"下拉按钮，❺ 选择"最大值"选项。

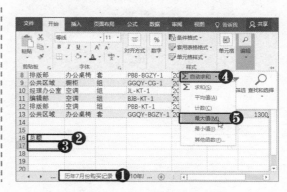

STEP 02 设置函数参数 ❶ 选择 "固定资产" 工作表，❷ 选择 G2:G22 单元格区域，并按【Enter】键确认。

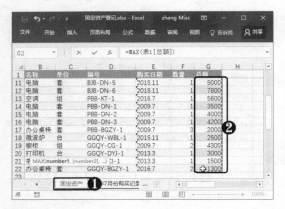

STEP 03 填充公式 此时即可在 A17 单元格内填充最大值公式 "=MAX(表 1[总额])"，并计算出公式结果。

STEP 04 填充最小值公式 采用同样的方法在 B18 单元格内填充最小值公式 "=MIN（表 1[总额]）"，计算出最小值。

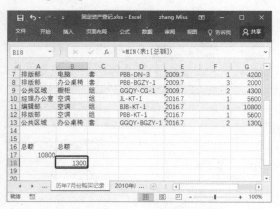

高手点拨

最小值公式的快捷填充方法：复制最大值公式，粘贴到 B18 单元格内，并更改 MAX 为 MIN 即可。因为函数参数均为"总额"列数据，所以函数参数维持不变。

STEP 05 单击 "高级" 按钮 ❶ 选择 A20 空白单元格，❷ 在 "数据" 选项卡下 "排序和筛选" 组中单击 "高级" 按钮。

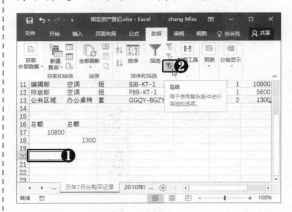

STEP 06 设置列表区域 弹出 "高级筛选" 对话框，❶ 选中 "将筛选结果复制到其他位置" 单选按钮，❷ 在 "列表区域" 文本框中定位光标，❸ 选择 "固定资产" 工作表，❹ 选择 A1:G22 单元格区域。

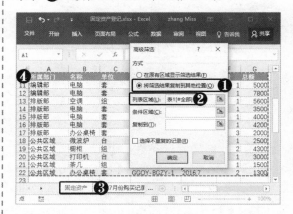

STEP 07 设置条件区域 ❶ 在 "条件区域" 文本框中定位光标，❷ 在 "历年 7 月份购买记录" 工作表中选择 A16:B18 单元格区域。

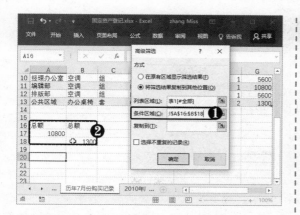

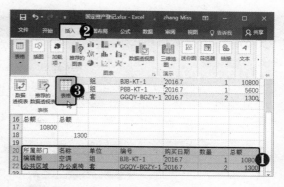

STEP 10 创建表 在弹出的"创建表"对话框中确认表数据的来源，单击"确定"按钮。

STEP 08 设置"复制到"选项 **❶** 在"复制到"文本框中定位光标，**❷** 在"历年7月份购买记录"工作表中选择A13单元格，**❸** 单击"确定"按钮。

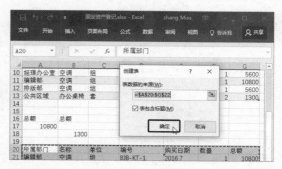

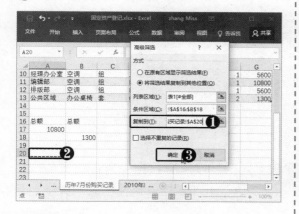

STEP 11 查看筛选结果 此时即可为A20:G22单元格区域插入表格。

STEP 09 插入表格 此时即可在表格内查看筛选数据结果，**❶** 选择筛选出的数据单元格区域A20:G22，**❷** 选择"插入"选项卡，**❸** 在"表格"组中单击"表格"按钮。

7.2.2 为表格数据添加格式

在完成表格的数据分析后，可以为筛选出的数据添加一些条件格式，使某些数据可以更加突出地显示出来。下面将详细介绍如何为表格数据添加格式。

1. 突出显示数据

下面以突出显示电脑总额处于中低价位的购买记录为例进行介绍，具体操作方法如下。

STEP 01 突出显示数据 在"固定资产"工作表筛选出的电脑购买记录中，选择"总额"列，❶ 在"开始"选项卡下"样式"组中单击"条件格式"下拉按钮，❷ 选择"突出显示单元格规则"选项，❸ 选择"介于"选项。

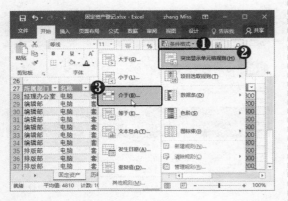

STEP 02 设置参数 弹出"介于"对话框，❶ 设置合适的数值，可从表格中选取，也可直接输入需要的数值，❷ 设置格式为

"绿填充色深绿色文本"，❸ 单击"确定"按钮。

STEP 03 查看突出显示效果 此时已将总额介于4000~5000之间的数据更改为设置的格式，查看突出显示效果。

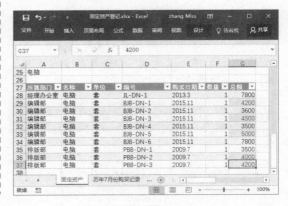

2. 使用数据条比较总额差异

数据条的长短是根据当前单元格内数据在单元格区域所有数据中所占比重的大小计算得出的。在历年7月份购买记录表格中，可以通过添加数据条条件格式来突出显示各项数据所占的比例，具体操作方法如下。

STEP 01 添加数据条格式 ❶ 选择"历年7月份购买记录"工作表，❷ 选择"总额"列，❸ 在"开始"选项卡下"样式"组中单击"条件格式"下拉按钮，❹ 选择"数据条"选项，❺ 选择"红色数据条"选项。

STEP 02 查看数据条效果 此时已将数据条添加到选择的G5:G13单元格区域中，从数据条中可以清晰地查看各项购买记录的总额比重。

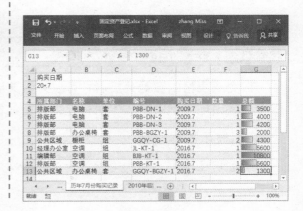

STEP 03 保存文档　选择"文件"选项卡，❶ 在左侧选择"另存为"命令，❷ 在右侧单击"浏览"按钮。

STEP 04 设置保存选项　弹出"另存为"对话框，❶ 选择保存位置，❷ 在"文件名"文本框中输入文件名"固定资产统计表"，❸ 单击"保存"按钮，即可保存文档。

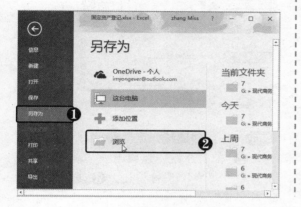
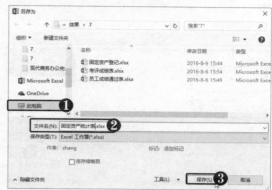

7.3　制作办公财产分析表

当 Excel 表格中含有大量的数据时，就需要使用数据汇总功能对数据进行有效的提取。数据汇总就是利用汇总函数对同一类数据根据条件要求进行计算汇总，从而得到统计结果。条件包含计数、求和、最大值、最小值等。下面以制作办公财产清单分析表为例，介绍如何应用合并计算功能和分类汇总功能汇总数据。

7.3.1　应用合并计算功能汇总金额

合并计算能够帮助用户将指定的单元格区域中的数据按照项目的匹配对同类数据进行汇总。下面将介绍如何使用合并计算功能分别对日期和名称进行单价的汇总计算。

1. 按日期汇总总额

"办公财产清单"表格中列举了办公室中各项财产的详细情况，下面通过合并计算功能汇总出每次购进物品的时间和总金额，具体操作方法如下。

STEP 01 创建新表　打开素材文件"办公财产清单"，❶ 新建工作表，并命名为"历年资产购进花销"，❷ 在 A1:B1 单元格区域中输入内容，❸ 选择"数据"选项卡，❹ 在"数据工具"组中单击"合并计算"按钮。

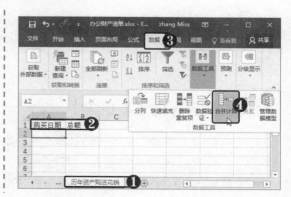

STEP 02 设置引用位置 弹出"合并计算"对话框，❶ 设置"函数"为"求和"，❷ 在"引用位置"文本框中定位光标，❸ 选择"财产清单"工作表，❹ 选择 E2:F58 单元格区域，此时"引用位置"文本框内已填充内容"财产清单！$E$2:$F$58"。

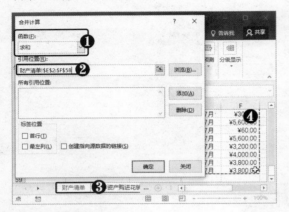

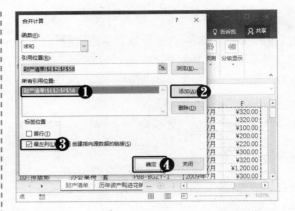

高手点拨

按日期进行合并计算时，"购买日期"列的单元格格式为"常规"格式，而非"日期"格式。在单元格内输入日期形式的内容后，会被自动存储为"日期"格式，可在输入时前面加上（'）符号，即可存储为"常规"格式。

STEP 03 设置标签位置 ❶ 在"所有引用位置"列表框中定位光标，❷ 单击"添加"按钮，将引用位置添加到"所有引用位置"列表框中，方便下次使用，❸ 在"标签位置"选项区中选中"最左列"复选框，❹ 单击"确定"按钮。

STEP 04 自动调整列宽 ❶ 选择 A、B 两列，❷ 在"开始"选项卡下"单元格"组中单击"格式"下拉按钮，❸ 选择"自动调整列宽"选项。

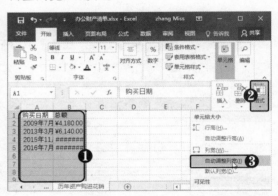

STEP 05 查看汇总结果 此时即可查看按日期汇总的购买记录。

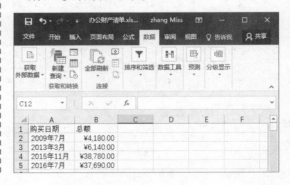

2. 按名称汇总创建源数据链接

"办公财产清单"中详细列举了各项物品的每条记录，若需要计算出各项物品的统计花销，并可以进行实时更新，可以通过创建源数据链接进行汇总来完成。下面以按名称汇总总额为例进行介绍，具体操作方法如下。

STEP 01 单击"合并计算"按钮 新建工作表，并命名为"物品花销统计"，❶ 选择"数据"选项卡，❷ 在"数据工具"组中单击"合并计算"按钮。

STEP 02 设置引用位置 弹出"合并计算"对话框，❶ 设置"函数"为"求和"，❷ 在"引用位置"文本框中定位光标，❸ 选择"财产清单"工作表，❹ 选择 B2:F58 单元格区域，此时"引用位置"文本框内已填充内容"财产清单!$B$2:$F$58"，❺ 单击"添加"按钮。

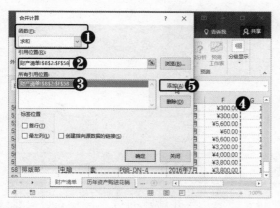

STEP 03 设置标签位置 ❶ 在"标签位置"选项区中选中"最左列"与"创建指向源数据的链接"复选框，❷ 单击"确定"按钮。

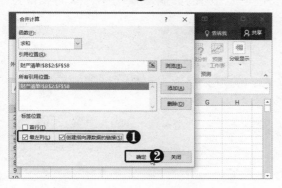

STEP 04 删除不需要的列 ❶ 单击列标并拖动，选择 B~E 列，❷ 选择"开始"选项卡，❸ 在"单元格"组中单击"删除"按钮。

STEP 05 展开2级菜单 在左上角处单击②按钮，即可显示 2 级列表。合并计算后，系统默认会把计算前的金额在 2 级列表中显示，物品名称相同但价格不同，所以将物品价格在 2 级列表中列出。

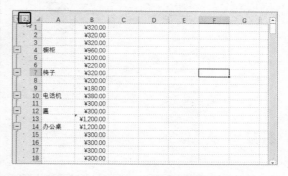

STEP 06 插入工作表行 ❶ 选择 A1 单元格，❷ 在"开始"选项卡下"单元格"组中单击"插入"下拉按钮，❸ 选择"插入工作表行"选项。

STEP 07 输入列标题 ❶ 在插入的首行中输入列标题，❷ 在左上角单击①按钮，关闭显示的 2 级列表。

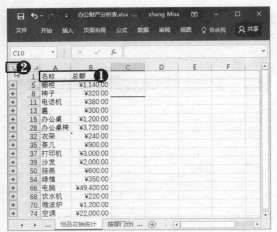

320 更改为 500,并按【Enter】键进行确认。

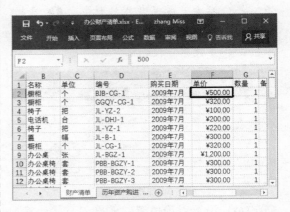

STEP 08 **选择财产清单工作表** ❶ 选择"财产清单"工作表,❷ 选择 F2 单元格。

STEP 10 **查看效果** 选择"物品花销统计"工作表,可以看到橱柜中的单价已经发生改变,且总额也进行了重新计算。

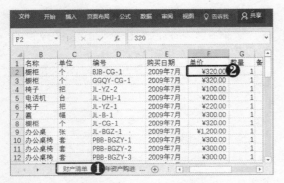

STEP 09 **更改单价** 在编辑栏中将原单价

7.3.2 应用分类汇总功能汇总数据

合并计算是针对于某一类数据进行快速的汇总计算,合并计算的重点是查看计算结果,无法查看计算过程中涉及到的明细数据。下面要介绍的分类汇总功能主要是为不同类别的数据进行汇总,同时还能清晰地查看汇总后的明细数据。但是,在使用分类汇总功能之前,需先将分类汇总的数据进行排序,使类别相同的数据位置相邻,从而实现分类的功能,然后进行汇总计算。

1. 按部门分类汇总求和数据

在"财产清单"工作表中,若要查看各个部门的财产情况,可按"所属部门"列进行分类汇总,具体操作方法如下。

STEP 01 **复制工作表** ❶ 在"财产清单"工作表标签处右击,❷ 选择"移动或复制"

命令。

STEP 02 **设置复制选项** 弹出"移动或复制工作表"对话框，❶ 在"工作簿"下拉列表框中选择"办公财产清单.xlsx"选项，❷ 在"下列选定工作表之前"列表框中选择"（移至最后）"选项，❸ 选中"建立副本"复选框，❹ 单击"确定"按钮。

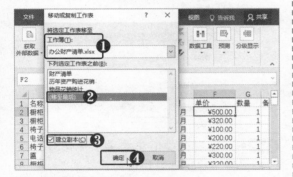

高手点拨

为了防止丢失数据，在复制工作表时千万不要忘记选中"建立副本"复选框。

STEP 03 **升序排序** ❶ 将复制的工作表更名为"按部门分类"，❷ 选择"数据"选项卡，❸ 在"排序和筛选"组中单击"升序"按钮。

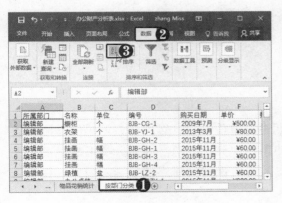

STEP 04 **分类汇总数据** 在"数据"选项卡下"分级显示"组中单击"分类汇总"按钮。

STEP 05 **设置分类汇总选项** 弹出"分类汇总"对话框，❶ 在"分类字段"下拉列表框中选择"所属部门"选项，❷ 在"汇总方式"下拉列表框中选择"求和"选项，❸ 在"选定汇总项"列表框中选中"单价"复选框，❹ 单击"确定"按钮。

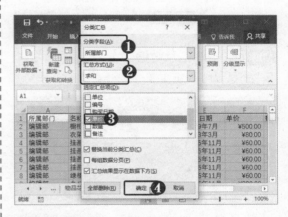

STEP 06 **查看分类汇总结果** 此时表格数据将按照所属部门进行分类汇总。

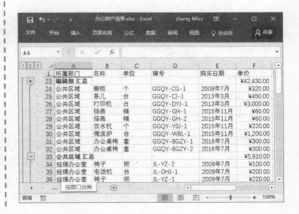

2. 按名称分类汇总平均值数据

前面已经通过合并计算功能按名称不同进行了总额的汇总，下面将介绍如何通过分类汇总功能按名称不同进行平均值的汇总，即计算每项物品的均价，具体操作方法如下。

STEP 01 单击"升序"按钮 ❶ 按照前面的方法复制工作表，并命名为"按名称分类"，❷ 在"数据"选项卡下"排序和筛选"组中单击"升序"按钮。

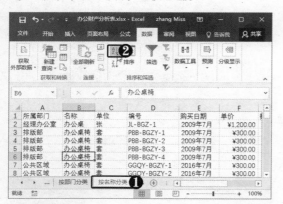

STEP 02 分类汇总数据 在"数据"选项卡下"分级显示"组中单击"分类汇总"按钮。

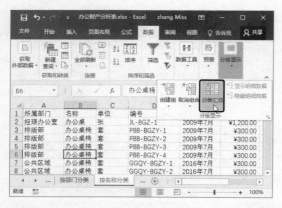

STEP 03 设置分类汇总选项 弹出"分类汇总"对话框，❶ 在"分类字段"下拉列表框中选择"名称"选项，❷ 在"汇总方式"

下拉列表框中选择"平均值"选项，❸ 在"选定汇总项"列表框中选中"单价"选项，❹ 单击"确定"按钮。

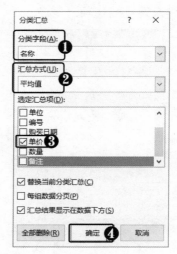

STEP 04 查看分类汇总结果 此时表格数据将按照名称进行平均值的分类汇总。

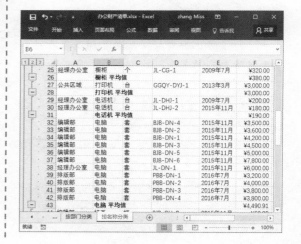

3. 按日期和名称进行两次分类汇总

本例要介绍的两次分类汇总就是先对日期进行单价汇总，然后在该汇总的基础上进行第二次的名称汇总，即在同一表格区域中使用两次分类汇总。因为分类汇总之前需要对分类字段进行排序，所以需要将第一次分类的字段设置为排序的主要关键字，将第二次分类的字段设置为次要关键字，在排序之后进行两次分类汇总操作即可，具体操作方法如下。

STEP 01 **单击"排序"按钮** ❶ 按照前面的方法复制工作表，并命名为"按日期和名称分类"，❷ 在"数据"选项卡下"排序和筛选"组中单击"排序"按钮。

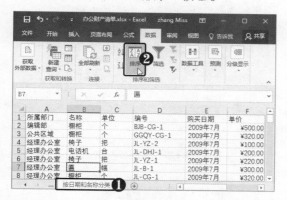

STEP 02 **设置主要关键字** 弹出"排序"对话框，❶ 在"主要关键字"下拉列表框中选择"购买日期"选项，❷ 单击"添加条件"按钮。

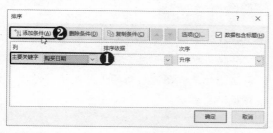

STEP 03 **设置次要关键字** ❶ 在"次要关键字"下拉列表框中选择"名称"选项，❷ 单击"选项"按钮。

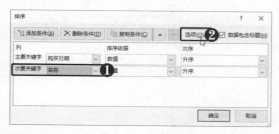

STEP 04 **设置排序选项** 弹出"排序选项"对话框，❶ 在"方法"选项区中选中"笔划排序"单选按钮，❷ 单击"确定"按钮。

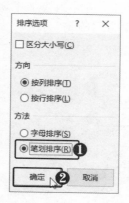

STEP 05 **设置排序次序** 返回"排序"对话框，❶ 设置主要和次要关键字的"次序"均为"升序"、"排序依据"均为"数值"，❷ 单击"确定"按钮。

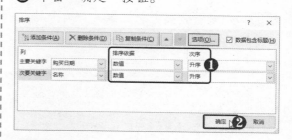

STEP 06 **单击"分类汇总"按钮** 此时表格数据已经按照设置进行了排序，在"数据"选项卡下"分级显示"组中单击"分类汇总"按钮。

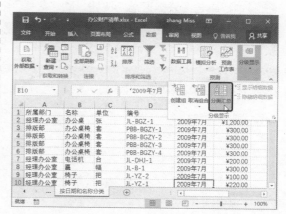

STEP 07 **设置分类汇总选项** 弹出"分类汇总"对话框，❶ 在"分类字段"下拉列

表框中选择"购买日期"选项，❷ 在"汇总方式"下拉列表框中选择"求和"选项，❸ 在"选定汇总项"列表框中选中"单价"选项，❹ 单击"确定"按钮。

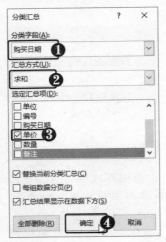

STEP 08 查看分类汇总结果 此时表格数据将按照购买日期进行分类汇总。

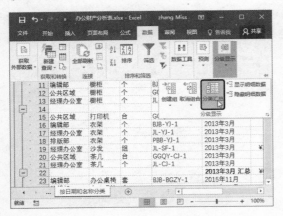

STEP 09 单击"分类汇总"按钮 在"数据"选项卡下"分级显示"组中单击"分类汇总"按钮。

STEP 10 设置分类汇总选项 弹出"分类汇总"对话框，❶ 在"分类字段"下拉列表框中选择"名称"选项，❷ 在"汇总方式"下拉列表框中选择"求和"选项，❸ 在"选定汇总项"列表框中选中"单价"选项，❹ 取消选择"替换当前分类汇总"复选框，❺ 单击"确定"按钮。

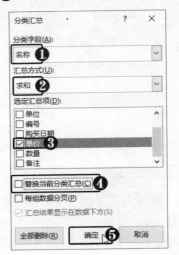

高手点拨

在设置分类汇总选项时，要取消选择"替换当前分类汇总"复选框。如果没有取消选择此选项，则新的汇总数据将替换掉原汇总数据。

STEP 11 查看分类汇总结果 此时表格数据将按照购买日期和名称进行两次分类汇总。

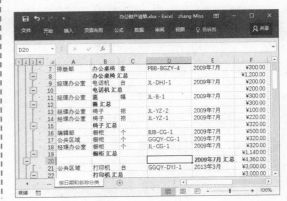

STEP 12 **保存文件** 选择"文件"选项卡，❶ 在左侧选择"另存为"命令，❷ 在右侧单击"浏览"按钮。

STEP 13 **设置保存选项** 弹出"另存为"对话框，❶ 选择保存位置，❷ 在"文件名"文本框中输入文件名"办公财产分析表"，❸ 单击"保存"按钮。

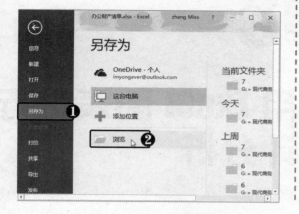

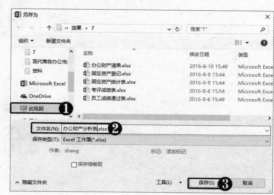

Chapter

08

利用 Excel 图表进行统计分析

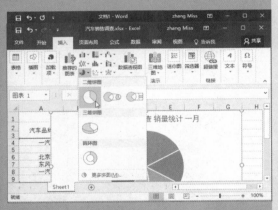

选择销售市场调查图表类型

设置财产分析透视图区域

Excel 的主要功能就是存储和计算大量的数据，而存储或计算结果总是需要被用户查看或处理应用，这就要求 Excel 拥有很好的展示数据功能。前面介绍的排序、筛选、汇总、设置条件格式等都是为了更好地展示存储的数据，它的展示重点在数据本身，而本章将要介绍图表应用重点是展示数据的整体趋势和变化。

8.1 制作销售市场调查图表

8.2 制作员工销售业绩分析图表

8.3 制作办公财产分析透视图表

8.1 制作销售市场调查图表

通过市场调查得来的数据是未来销售策略制定的基础依据，将调查得来的大量数据整理成图表的形式，不仅可以清晰并快速地查看数据，还可将数据的趋势走向等间接数据立体化地呈现给用户。下面将通过制作销售市场调查图表介绍 Excel 图表的创建及编辑等基础操作。

8.1.1 创建市场调查图表

下面以为汽车销售市场调查数据制作销量统计的二维饼图为例，介绍图表的创建、美化及调整等操作知识。

1. 创建二维饼图

二维饼图中的每个色块表示某一特定项所占比例，创建二维饼图的具体操作方法如下。

STEP 01 选中任意单元格 打开素材文件"汽车销售市场调查.xlsx"，选择任意一个单元格。

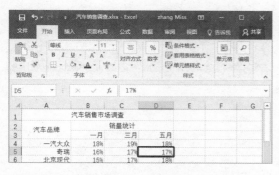

STEP 02 选择图表类型 ❶ 选择"插入"选项卡，❷ 单击"图表"组中的"插入饼图或圆环图"下拉按钮，❸ 选择"饼图"。

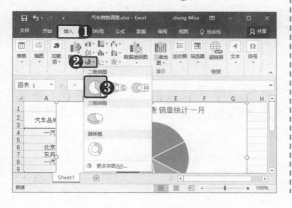

STEP 03 查看图表效果 返回工作表，即可看到系统自动识别数据区域并插入一月销量统计图表。

STEP 04 调整图表位置及大小 选择创建的图表，拖动图表可移动其位置，拖动控制柄可调整图表区的大小。

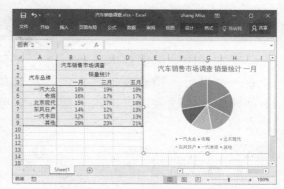

2. 更改显示的数据区域

从创建的图表中可以得知饼图中显示的是一月份的销量统计数据，如果需要查看其他月份的销量统计数据，可以手动选择数据区域进行更改，具体操作方法如下。

STEP 01 单击"选择数据"按钮 ❶ 选择图表，❷ 选择"设计"选项卡，❸ 在"数据"组中单击"选择数据"按钮。

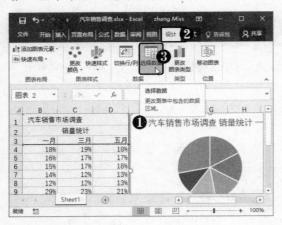

STEP 02 移动图例项 弹出"选择数据源"对话框，默认情况下图表按照"图例项"列表中的排列顺序依次进行显示，❶ 选中"图例项"列表中的三月销量统计。❷ 单击"上移"按钮。

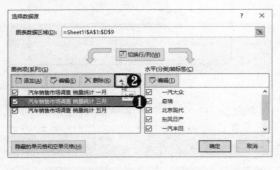

STEP 03 确认移动操作 此时图例项中三月的销量统计排第一位，单击"确定"按钮。

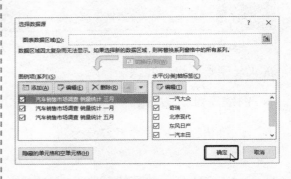

STEP 04 查看图表效果 返回工作表编辑区域，即可看到创建的图表数据已经更改为三月的销量统计。

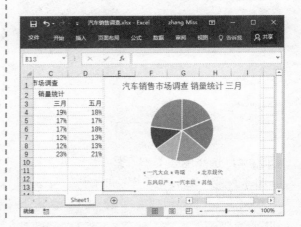

3. 更改图表类型

因本例中的销售数据涉及到 3 个不同的月份，在上面插入的饼状图中一次只能查看一个月份的销量统计数据，要查看其他月份的数据时需要更改数据区域，显然不是理想的数据展示方式。下面将通过更改图表的类型来解决这个问题，具体操作方法如下。

STEP 01 单击"更改图表类型"按钮 ❶ 选择图表，❷ 选择"设计"选项卡，❸ 在"类型"组中单击"更改图表类型"按钮。

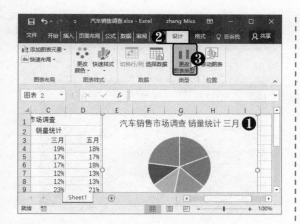

STEP 02 选择图表类型　弹出"更改图表类型"对话框，❶ 在左侧列表中选择"条形图"选项，❷ 在右侧选择"簇状条形图"，❸ 单击"确定"按钮。

STEP 03 查看图表效果　此时即可完成图表类型的更改操作，查看图表效果。

高手点拨

　　选择单元格区域后，按【Alt+F1】组合键即可在工作表中快速创建簇状柱形图，按【F11】键可创建一个图表工作表。

8.1.2　更改图表的样式

　　在创建完图表后，还可以根据需要对图表进行美化操作，使其看起来精致、简洁。下面将详细介绍如何更改图表的样式。

1. 设置图表样式

　　Excel 的样式列表中预设了大量的图表样式，用户可以根据需要在列表中选择合适的样式。设置图表样式的具体操作方法如下。

STEP 01 单击"其他"按钮　❶ 选择图表，❷ 选择"设计"选项卡，❸ 单击"图表样式"组中的"其他"按钮⊡。

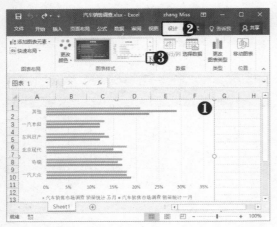

STEP 02 选择图表样式 在弹出的样式面板中选择"样式7"。

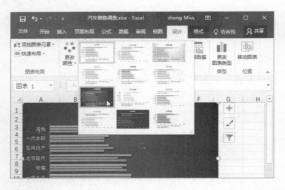

STEP 03 单击"图表标题"文本框 此时图表样式已更改为"样式7"。单击"图表标题"文本框,使其处于编辑状态。

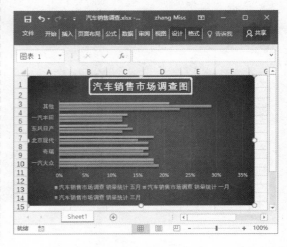

STEP 04 输入图表标题 在文本框中输入标题"汽车销售市场调查图"。

2. 设置图表形状样式

图表的样式设置完成后,还可以对其中的某些元素进行修改。下面以设置图表形状样式为例,介绍图表形状的设置方法,具体操作方法如下。

STEP 01 单击"其他"按钮 ❶ 选择图表,❷ 选择"格式"选项卡,❸ 单击"形状样式"组中的"其他"按钮。

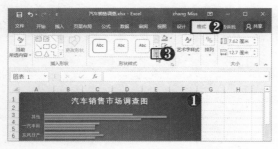

STEP 02 选择形状样式 弹出样式面板,在其中选择"细微效果-灰色-50%,强调颜色3"选项。

3. 设置艺术字样式

下面以设置图表中的字体为例介绍如何应用艺术字样式，具体操作方法如下。

STEP 01 单击"其他"按钮 ❶ 选择图表，❷ 选择"格式"选项卡，❸ 单击"艺术字样式"组中的"其他"按钮⬚。

STEP 02 选择艺术字样式 弹出艺术字样式面板，在其中选择"图案填充-白色，文本2，深色上对角线，阴影"选项。

STEP 03 设置字体阴影 ❶ 选择图表，❷ 选择"格式"选项卡，❸ 单击"艺术字样式"组中的"文本效果"下拉按钮，❹ 选择"阴影"选项，❺ 选择"内部上方"选项。

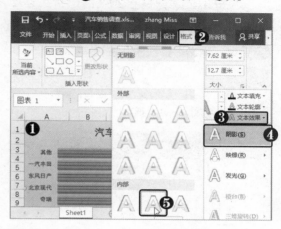

STEP 04 保存文件 ❶ 将工作表命名为"汽车销售市场调查"，❷ 在快速启动栏中单击"保存"按钮，保存文件。

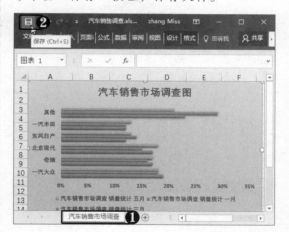

8.2 制作员工销售业绩分析图表

在查看员工的销售业绩数据时，重点往往是放在数据的整体走向和趋势，或对各项数据进行对比，得出单项数据在整体中的比例等。下面将利用迷你图和组合图工具对销售业绩数据进行详细分析。

8.2.1 创建销售业绩趋势迷你图

迷你图是放入单个单元格中的一种小型图表，每个迷你图代表所选内容中的一行数据，下面将分别为个人业绩和季度汇总创建折线和柱形迷你图。

1. 为单项数据创建折线迷你图

为每个员工的销售业绩创建折线迷你图，可以显示员工个人的业绩走向，具体操作方法如下。

STEP 01 单击"折线图"按钮 打开素材文件"员工销售业绩表.xlsx"，❶ 选择 G3 单元格，❷ 选择"插入"选项卡，❸ 在"迷你图"组中单击"折线图"按钮。

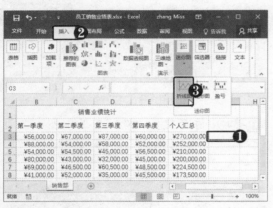

STEP 02 选择数据区域 弹出"创建迷你图"对话框，❶ 在"数据范围"文本框中定位光标，❷ 在工作表中选择 B3:E3 单元格区域，设为折线迷你图数据范围，❸ 在"位置范围"文本框中定位光标，❹ 在工作表中选择 G3 单元格，❺ 单击"确定"按钮。

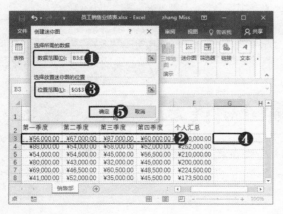

STEP 03 填充迷你图 此时 G3 单元格内已填充迷你图，拖动 G3 右下角填充柄至 G8 单元格，为其他员工填充折线迷你图。

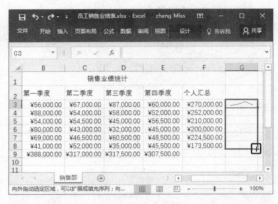

STEP 04 查看迷你图效果 填充完毕，即可查看所有员工各个季度的销售业绩走向。

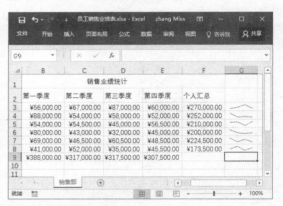

高手点拨

要删除迷你图，需选中其所在的单元格，然后在"设计"选项卡下单击"清除"下拉按钮，选择"清除所选的迷你图"选项。

2. 为汇总数据创建柱形迷你图

为季度汇总数据创建柱形迷你图，可以显示各个季度的销量对比，具体操作方法如下。

STEP 01 单击"柱形图"按钮 ❶ 选择 G9 单元格，❷ 选择"插入"选项卡，❸ 在"迷你图"组中单击"柱形图"按钮。

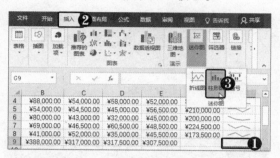

STEP 02 选择数据区域 弹出"创建迷你图"对话框，❶ 在"数据范围"文本框中定位光标，❷ 在工作表中选择 B9:E9 单元格区域，设为柱形迷你图数据范围，❸ 在"位置范围"文本框中定位光标，❹ 在工作表中选择 G9 单元格，❺ 单击"确定"按钮。

STEP 03 定义纵坐标的最小值 ❶ 选择 G9 单元格，❷ 选择"设计"选项卡，❸ 单击"坐标轴"下拉按钮，❹ 在"纵坐标轴的最小值选项"下选择"自定义值"选项。

STEP 04 设置垂直轴最小值 弹出"迷你图垂直轴设置"对话框，❶ 在"输入垂直轴的最小值"文本框中输入 300，❷ 单击"确定"按钮。

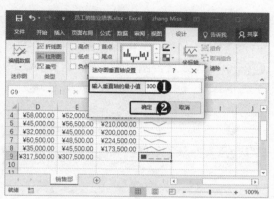

高手点拨

默认情况下，迷你图的垂直轴最小值为 0，若垂直轴的数据特别大，且数据之间差别小，可将所有数据中最小的数值设置为垂直轴最小值，以提升柱形图的分辨率。例如，本例中所有垂直轴数据均在 300 之上，即可将 300 设置为最小值。

STEP 05 查看迷你图效果 此时即可将柱形图的区分度扩大，以便查看各单项数值之间的差别。

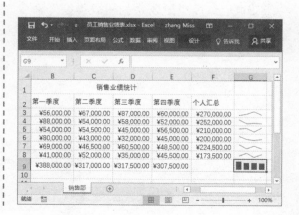

8.2.2 创建员工销售业绩组合图

组合图可突出显示不同类型的信息，主要应用于图表中值的范围变化较大或具有混合类型的数据。组合图中含有两种图表类型，用户可以根据需要对任一系列的图表类型进行更改。

1. 插入组合图

下面以为员工的整体销售数据插入组合图为例，介绍如何插入组合图，具体操作方法如下。

STEP 01 选择组合图类型 ❶ 选择 A2:F9 单元格区域，❷ 选择"插入"选项卡，❸ 在"图表"组中单击"插入组合图"下拉按钮 ，❹ 选择"簇状柱形图 - 折线图"选项。

STEP 02 输入图表标题 在"图表标题"文本框内输入标题"员工销售业绩组合图"。

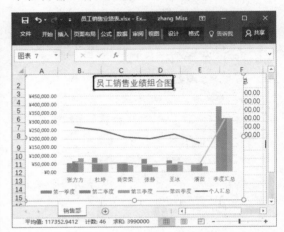

2. 更改系列图表类型

在插入的组合图中，各系列的图表类型并不一定是理想的类型，可以通过"更改系列图表类型"命令来设置某一系列的图表类型。例如，本例中为将四个季度的图表类型保持一致，方便做对比，需将第四季度的图表类型由折线更改为簇状柱形图，具体操作方法如下。

STEP 01 选择"更改系列图表类型"命令 ❶ 在系列图表上右击，❷ 在弹出的快捷菜单中选择"更改系列图表类型"命令。

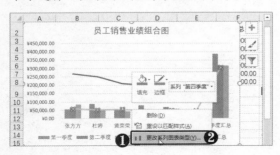

高手点拨

在图表上右击，在弹出的快捷菜单中选择"更改图表类型"命令，同样可以打开"更改图表类型"对话框，对系列的图表类型进行设置。

STEP 02 选择图表类型 弹出"更改图表类型"对话框，❶ 单击"第四季度"的"图表类型"下拉按钮，❷ 选择"簇状柱形图"选项。

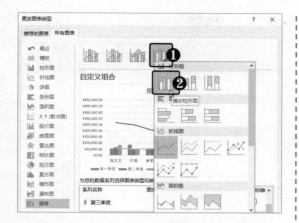

STEP 04 **查看图表效果** 此时可从图表中清晰地查看数据，其中簇状柱形图以员工划分，每个员工都可从簇状柱形图中查看四个季度的差别，四个季度汇总数据以簇状柱形图展示，个人汇总数据以折线图展示。

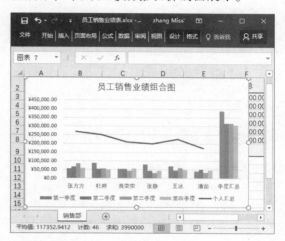

STEP 03 **预览图表类型** 此时即可在自定义组合的预览窗口中查看更改类型后的图表效果。单击"确定"按钮，完成更改设置。

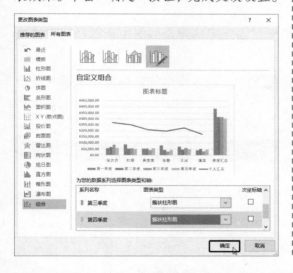

高手点拨

当创建的图表中的数字在不同数据系列之间的变化很大，或使用混合类型的数据（如价格和成交量）时，可在次垂直（值）坐标轴上绘制一个或多个数据系列。次垂直坐标轴的刻度显示相关联数据系列的值。在创建组合图表时，可以设置次坐标轴。

8.2.3 对组合图表进行布局

"图表布局"组中包含添加图表元素和快速布局两大功能，其中图表元素包含坐标轴、轴标题、图表标题、数据标签、数据表、误差线、网格线、图例、线条、趋势线等，快速布局功能就是针对这些元素进行布局。

1．为图表添加网格线元素

下面以为员工销售业绩组合图表添加网格线元素为例，介绍如何为图表添加元素，具体操作方法如下。

STEP 01 **添加网格线** ❶ 选择图表，❷ 选择"设计"选项卡，❸ 在"图表布局"组中单击"添加图表元素"下拉按钮，❹ 选择"网格线"选项，❺ 选择"主轴次要垂直网格线"选项。

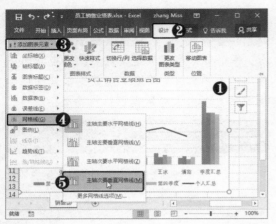

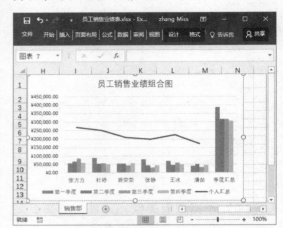

为图表添加垂直网格线。

STEP 02 查看添加网格线效果　此时即可

2. 为图表快速布局

Excel 中预设了多种图表的布局方式，用户可以直接从预设列表中选择自己需要的布局方式，具体操作方法如下。

STEP 01 选择布局方式　❶ 选择图表，❷ 选择"设计"选项卡，❸ 在"图表布局"组中单击"快速布局"下拉按钮，❹ 选择"布局9"选项。

STEP 02 输入横坐标轴标题　更改的布局中添加了两个坐标轴标题文本框，在横坐标标题的文本框中输入"销售业绩划分"。

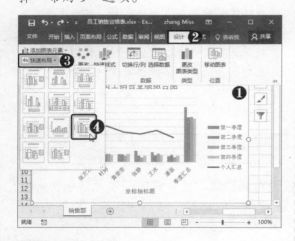

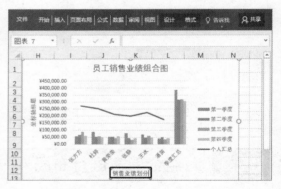

STEP 03 输入纵坐标轴标题　在纵坐标轴标题文本框中输入标题内容"员工销售量/人民币"。

高手点拨

从"添加图表元素"功能中同样可以将布局样式设置为类似"快速布局"中的"布局9"样式，只需单击"添加图表元素"下拉按钮，选择"图例"|"右侧"选项即可。

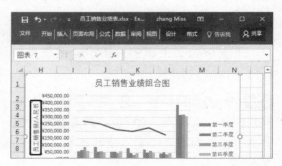

8.2.4 图表数据的设计

图表的行与列之间可以进行切换，且行/列中显示的数据也可以进行位置的调换，添加或删除等操作。

1. 切换图表的行/列

上面插入的组合图适于查看每个员工各个季度销售业绩对比的数据，为了使图表能更清晰地对比同一季度中不同员工的销售业绩，可以切换图表的行/列方向，具体操作方法如下。

STEP 01 单击"切换行/列"按钮 ❶ 选择图表，❷ 选择"设计"选项卡，❸ 在"数据"组中单击"切换行/列"按钮。

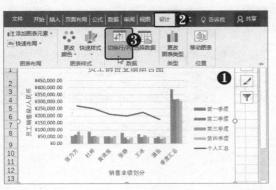

STEP 02 查看切换效果 此时已将图表的行/列数据进行了切换。

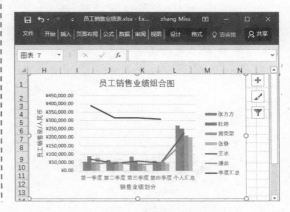

2. 设置图表行/列的数据源

切换图表的行/列后，可发现季度中图表类型有柱形和折线两种，且系列个数过多，这时可以将不需要显示的员工系列去除，如去除销售业绩较低的员工系列，具体操作方法如下。

STEP 01 单击"选择数据"按钮 ❶ 选择图表，❷ 选择"设计"选项卡，❸ 在"数据"组中单击"选择数据"按钮。

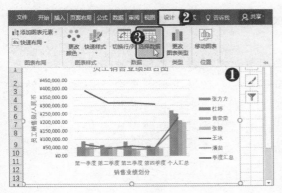

STEP 02 设置图例项 弹出"选择数据源"对话框，❶ 在"图例项（系列）"列表框中取消选择"张静"、"潘苗"系列复选框，❷ 单击"确定"按钮。

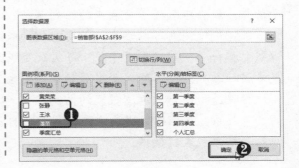

STEP 03 查看去除系列效果　此时已将销售业绩较低的员工系列去除。

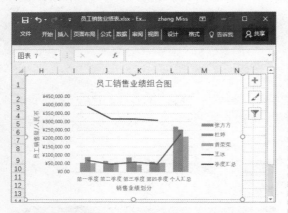

STEP 04 更改系列图表类型　❶ 右击图表，❷ 选择"更改图表类型"命令。

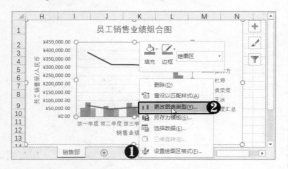

STEP 05 设置图表类型　弹出"更改图表类型"对话框，❶ 单击"王冰"系列的"图表类型"下拉按钮，❷ 选择"簇状柱形图"选项，❸ 单击"确定"按钮。

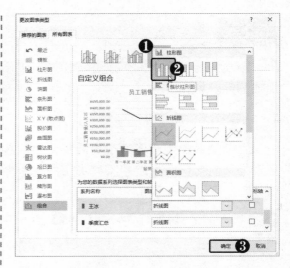

STEP 06 保存文件　至此，完成数据源的选择设置。在快速启动栏中单击"保存"按钮，保存文件。

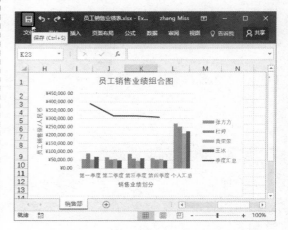

8.3　制作办公财产分析透视图表

　　数据透视图表是一种交互式的图表，可以进行某些计算，如求和与计数等。所进行的计算与数据跟数据透视表中的排列有关。

　　数据透视图表可以动态地改变它们的版面布置，以便按照不同方式分析数据，也可重新安排行号、列标和页字段。每次改变版面布置时，数据透视图表会立即按照新的布置重新计算数据。另外，如果原始数据发生变化，则可更新数据透视图表。

　　数据透视图与数据透视表的区别在于：数据透视图是以图表的形式分析和表现数据的交互关系，在创建数据透视图的同时会自动创建数据透视表；而数据透视表则是以单纯的表格方式表现数据。

8.3.1 按部门分析财产数据

在素材文件"办公财产清单"工作表中存储了各部门不同名称的财产数据，为更清晰地查看各部门不同名称财产的金额情况，下面应用数据透视图对财产数据进行分析。

1. 创建数据透视图

在应用数据透视图分析数据时，首先需要为分析数据区域创建数据透视图，具体操作方法如下。

STEP 01 创建数据透视图 打开素材文件"办公财产清单.xlsx"，❶选择数据区域中的任一单元格，❷选择"插入"选项卡，❸在"图表"组中单击"数据透视图"下拉按钮，❹选择"数据透视图"选项。

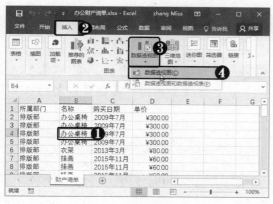

STEP 02 设置透视图区域 弹出"创建数据透视图"对话框，自动引用当前活动单元格所在的表格区域作为透视表分析区域，并选中"新工作表"单选按钮。只需单击"确定"按钮，即可将数据透视图创建到新的工作表中。

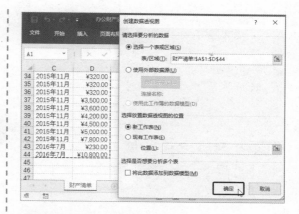

STEP 03 查看创建效果 此时将创建Sheet1工作表，在工作表左侧为数据透视表，中间为数据透视图，右侧为展开的"数据透视图字段"面板。

2. 为数据透视图添加字段

创建数据透视图后，该图表还只是一张空图表，需要向图表内添加要分析的字段才可以得到相应的分析结果。例如，本例中要分析各部门不同名称财产的金额数据，需要在透视图中添加"所属部门"、"名称"和"单价"字段，具体操作方法如下。

STEP 01 选择字段 选择数据透视图，选择"分析"选项卡，在"显示/隐藏"组中单击"字段列表"按钮，打开"数据透视图字段"窗格。选中"所属部门"、"名称"和"单价"字段名称前面的复选框，将选择的字段添加到透视图的轴（类别）中。

数据透视表均会发生相应的改变。

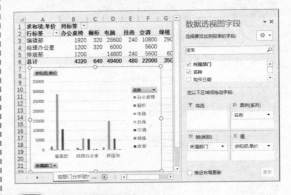

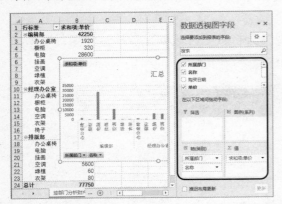

STEP 02 移动"名称"字段 将"轴（类别）"列表框中的"名称"拖至"图例（系列）"列表中。

高手点拨

数据透视图中的"轴（类别）"是数据透视表中的"行"，而数据透视图中的"图例（系列）"为数据透视表中的"列"。读者可以借助熟悉的行/列来理解数据透视图中的轴和图例。

STEP 04 查看计算结果 此时可从工作表中查看数据透视图、数据透视表的计算结果。

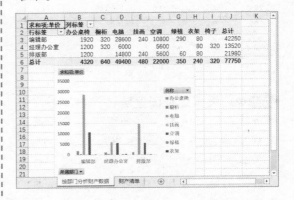

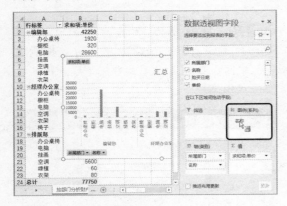

STEP 03 查看改变结果 此时数据透视图、

3. 对字段进行筛选

在数据透视图中，分类字段均具有筛选功能。单击筛选按钮，可从弹出的下拉列表中选择需要的条件进行筛选，并显示筛选结果。本例以筛选"单价"较低的财产名称数据为例进行介绍，具体操作方法如下。

STEP 01 设置筛选条件 在数据透视图的图例区域中，❶ 单击"名称"下拉按钮，

❷ 取消选择"办公桌椅"、"电脑"和"空调"前面的复选框，❸ 单击"确定"按钮。

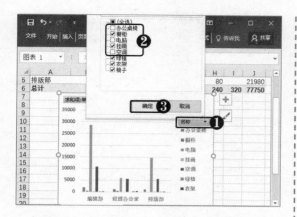

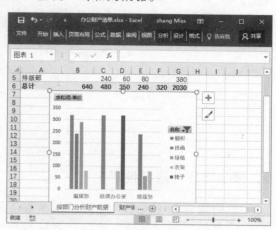

和"空调"的相关数据。

STEP 02 查看筛选结果 此时数据透视图中不再显示名称为"办公桌椅"、"电脑"

8.3.2 按日期分析财产数据

对于已经创建数据透视图的工作表，如果只是改变数据分析的方向，例如，本例中需要查看按日期分析财产的平均值数据，而不再是按部门进行分析，此时只需从"数据透视图字段"窗格中进行相关的操作即可实现。

1. 创建数据透视图

虽然不需重新创建数据透视图就可以得出按日期分析财产的平均值数据图表，但这会影响原有的按部门分析的相关数据，所以在此先创建新的按日期分析的工作表，具体操作方法如下。

STEP 01 创建数据透视图 ❶ 选择"财产清单"工作表，❷ 在表格数据区域中选择任一单元格，❸ 选择"插入"选项卡，❹ 在"图表"组中单击"数据透视图"下拉按钮，❺ 选择"数据透视图"选项。

STEP 02 设置透视图区域 弹出"创建数据透视图"对话框，自动引用当前活动单元格所在的表格区域作为透视表分析区域，并选中"新工作表"单选按钮。只需单击"确定"按钮，即可将数据透视图创建到新的工作表中。

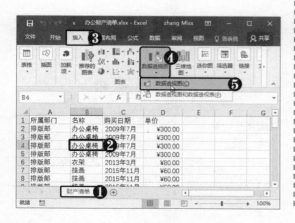

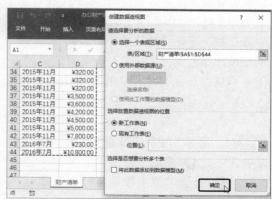

STEP 03 查看数据透视图效果 此时将创建新工作表 Sheet2，将该工作表命名为"按日期分析财产数据"。

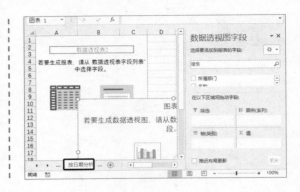

2. 添加字段并进行设置

本例要分析不同日期中财产的金额平均值数据，需要在数据透视图中添加"所属部门"、"名称"和"单价"字段，具体操作方法如下。

STEP 01 选择字段 在"数据透视图字段"窗格中选中"购买日期"、"名称"和"单价"字段名称前面的复选框，将选择的字段添加到透视图的轴（类别）中。

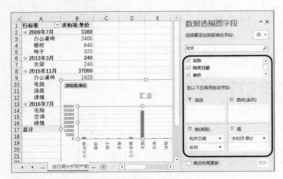

高手点拨

字段的选择要考虑到先后顺序，先选择的字段为分类中的上一级，后选择的字段会自动依次排到下一级。本例是按日期进行分析，所以选择字段时要先选择"购买日期"字段，然后选择"名称"。如果已经选择完成，可从"轴（类别）"列表框中拖动相应的选项来改变它们的分级次序。

STEP 02 选择"值字段设置"选项 在"值"选项区中，❶ 单击"求和项：单价"下拉按钮，❷ 选择"值字段设置"选项。

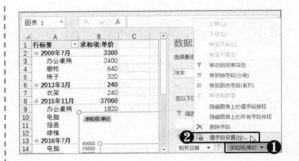

STEP 03 设置值字段 弹出"值字段设置"对话框，❶ 在"计算类型"列表框中选择"平均值"选项，❷ 单击"确定"按钮。

STEP 04 按日期查看购买财产的平均值 在数据透视图右下角单击"折叠"按钮，将不同名称的财产数据隐藏，按日期查看购买不同财产的平均值数据。

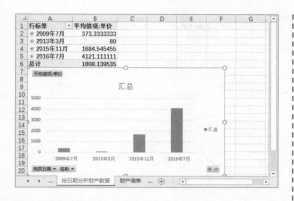

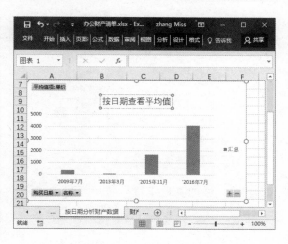

STEP 05 **更改图表标题** 将图表标题更改为"按日期查看平均值"。

8.3.3 创建综合分析数据透视图

前面介绍的两种数据查看方式都是在创建新的工作表后再进行相应的设置，才能显示出需要的数据分析结果。为了节省数据分析所需的操作步骤与时间，可以在创建数据透视图时将所有字段合理地添加至各透视图区域中，然后根据分析的类别再合理调整字段位置。

1．创建数据透视图

下面使用"财产清单"工作表创建综合分析数据透视图，具体操作方法如下。

STEP 01 **创建数据透视图** ❶ 选择"财产清单"工作表，❷ 在表格数据区域中选择任一单元格，❸ 选择"插入"选项卡，❹在"图表"组中单击"数据透视图"下拉按钮，❺ 选择"数据透视图"选项。

域，并选中"新工作表"单选按钮。只需单击"确定"按钮，即可将数据透视图创建到新的工作表中。

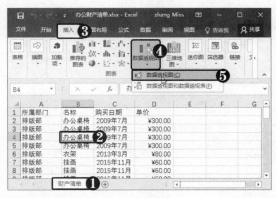

STEP 02 **设置透视图区域** 弹出"创建数据透视图"对话框，自动引用当前活动单元格所在的表格区域作为透视表分析区

STEP 03 **添加字段** 此时将创建新工作表Sheet3，❶ 将该工作表命名为"综合分析"，❷ 在字段列表中拖动"所属部门"至"筛选"列表内。

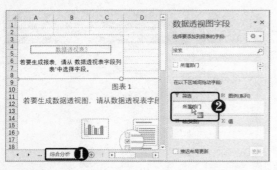

将"购买日期"拖至"图例（系列）"列表内，将"单价"拖至"值"列表内。

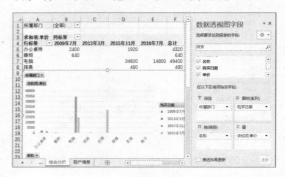

STEP 04 添加其他字段　按照同样的方法，分别将"名称"拖至"轴（类别）"列表内，

2．使用筛选字段查看各部门财产

在创建综合分析数据透视图时，已将"所属部门"设置为"筛选"字段，下面就使用该筛选字段对图表数据进行筛选，具体操作方法如下。

STEP 01 设置筛选选项　❶ 单击"所属部门"下拉按钮，❷ 在列表中选中"经理办公室"复选框，并取消选择其他选项，❸ 单击"确定"按钮。

STEP 02 查看筛选结果　此时已将"经理办公室"相关数据筛选出来。

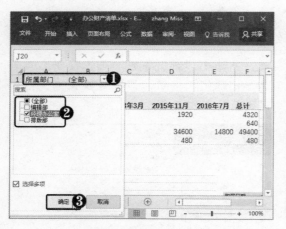

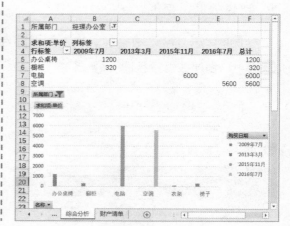

3．使用切片器查看不同名称的总价

除了数据透视图字段中提供的数据筛选功能外，还可以使用"插入"选项卡中的"切片器"筛选器对单个数据进行分析。本例以筛选不同名称的总价为例，为"名称"字段添加切片器，具体操作方法如下。

STEP 01 单击"切片器"按钮　❶ 选择数据透视图，❷ 选择"插入"选项卡，❸ 在

"筛选器"组中单击"切片器"按钮。

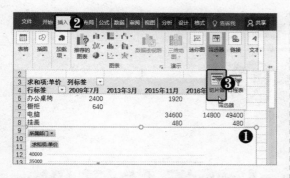

STEP 02 设置切片器 弹出"插入切片器"对话框，❶ 选中"名称"复选框，❷ 单击"确定"按钮。

STEP 03 查看筛选结果 弹出"名称"切片器，在切片器中单击需要显示的名称选项，如"电脑"，此时数据透视图、数据透视表将显示"电脑"的购买统计数据。

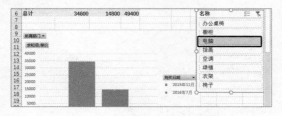

STEP 04 保存文件 选择"文件"选项卡，❶ 在左侧选择"另存为"命令，❷ 在右侧单击"浏览"按钮。

STEP 05 设置保存选项 弹出"另存为"对话框，❶ 选择保存位置，❷ 在"文件名"文本框中输入文件名"办公财产分析透视图表"，❸ 单击"保存"按钮。

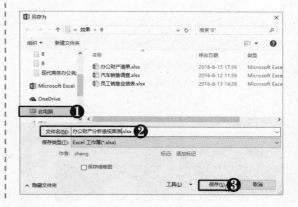

Chapter

09

Excel 数据的模拟分析与预算

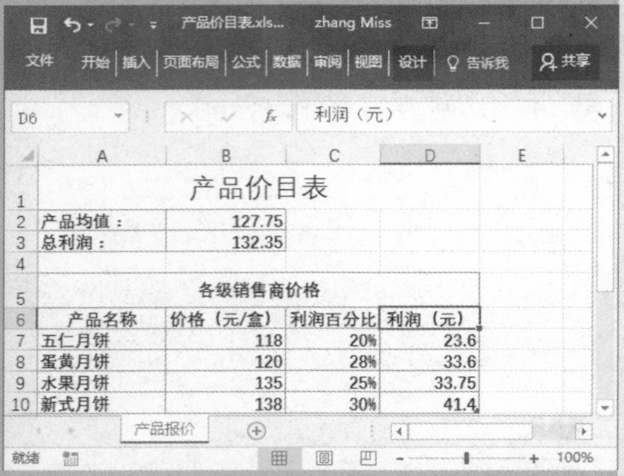

更改产品报价表标题名称

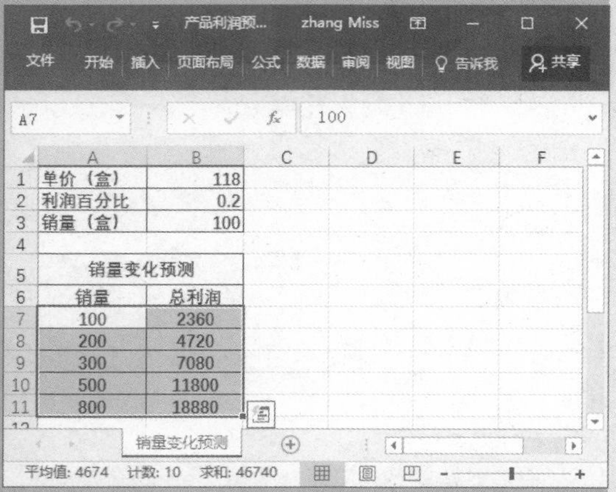

在 Excel 表格中，经常需要对表格数据进行模拟分析与预测，比如根据结果数据求公式中涉及到的单变量值，就用到了单变量求解功能；又比如随着产品的销量高低进行总利润的预测，或对不同定价的产品进行利润预测等都用到模拟运算表功能。本章将通过实例详细介绍 Excel 数据模拟分析与预算方面的知识。

9.1 制作产品报价表

9.2 制作产品利润预测表

查看产品预测结果

9.1　制作产品报价表

公司产品的定价需要遵循一定的规律，除了市场的供求因素外，还要考虑到产品的利润。下面以制作产品报价表为例，首先来复习公式的应用，然后根据均价和利润的数据关系来熟悉"单变量求解"功能的应用。

9.1.1　使用"单变量求解"计算产品定价

价格的波动受供求关系影响，但波动会有一定的范围，这个范围受均价和利润制约，所以在报价表中首先需要体现出各产品的均价及其可以产生的总利润，根据这两个值来计算产品的定价。

1．添加公式统计产品均价与总利润

不同种类的产品产生的利润需要根据供求因素来随时调整，但产品的总利润需要保持为定值。另外，各产品价格的波动范围需要由均价来限定。下面通过在表格中填充公式来计算均价和总利润，具体操作方法如下。

STEP 01 添加平均值公式　打开素材文件"产品定价.xlsx"，❶ 选择 B2 单元格，❷ 在"开始"选项卡下"编辑"组中单击"自动求和"下拉按钮，❸ 选择"平均值"选项。

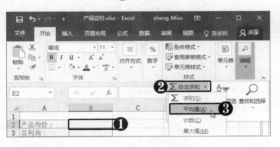

STEP 02 设置函数参数　此时 B2 单元格内已插入平均值函数"=AVERAGE()"，选择 B7:B10 单元格区域作为函数参数。

STEP 03 忽略错误　按【Enter】键确认函数的设置，此时 B2 单元格前面显示"被零除"错误提示，❶ 单击提示下拉按钮，❷ 选择"忽略错误"选项。

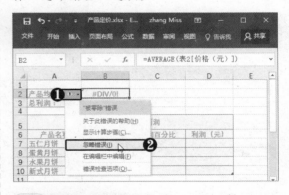

高手点拨

　　因参数单元格内没有数据，所以值默认为零，此时函数会提示"被零除"错误。该错误提示可以被忽略，也可在参数单元格内输入数据。

STEP 04 添加求和函数　❶ 选择 B3 单元格，❷ 在"开始"选项卡下"编辑"组中单击"自动求和"按钮。

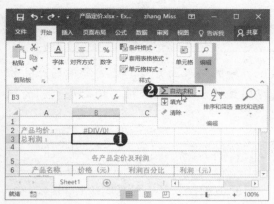

STEP 05 设置函数参数 此时 B3 单元格内已插入自动求和函数"=SUM()",选择 D7:D10 单元格区域作为函数参数。

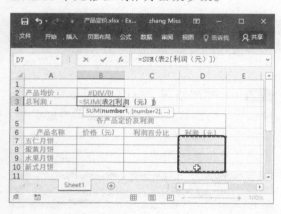

STEP 06 查看计算结果 按【Enter】键确认函数的设置,此时因为函数参数的单元格为空,所以计算结果为 0。

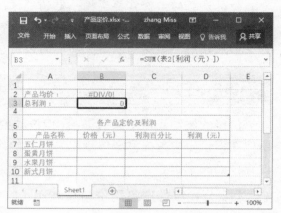

高手点拨

当对单元格中的数值求平均值时,应牢记空单元格与含零值单元格的区别。空单元格不计算在内,但零值会计算在内。

2. 添加公式统计各产品利润

各产品的利润是根据产品价格与产品利润百分比计算得出,下面为产品的"利润"单元格添加计算公式,具体操作方法如下。

STEP 01 输入公式 ❶ 选择 D7 单元格,❷ 在编辑栏中输入公式"=B7*C7"。

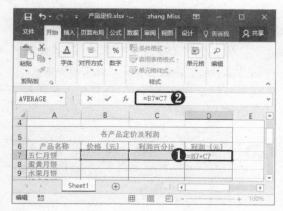

STEP 02 填充公式 按【Enter】键确认公式的输入操作,并将公式填充到 D8:D10 单元格区域内。

STEP 03 **输入利润百分比** 因为利润百分比的数值在一定的时间范围内是固定的，相当于是已知数值。在 C7:C10 单元格区域中输入利润百分比。

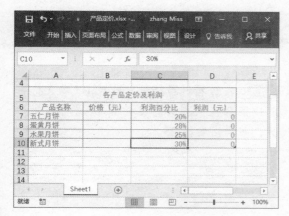

高手点拨

　　利润百分比与产品的成本直接相关，所以在一定时期内，只要产品的成本不变，则利润百分比值也会保持不变。

STEP 04 **设定产品价格** 在 B7 单元格内输入产品"五仁月饼"的价格，即可看到产品均价、总利润和利润单元格中经过公式计算出的数值变化。

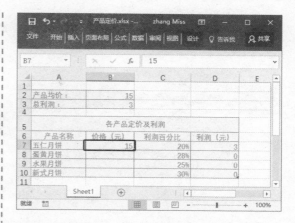

STEP 05 **设定其他产品价格** 每输入一个产品的价格，产品均价和总利润都会跟着变化，根据产品均价和总利润等值的变化来设定其他产品的价格，以保证价格的波动范围合理及利润的稳定。

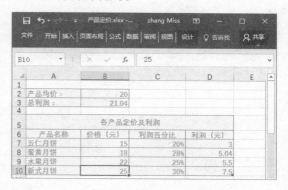

3. 使用"单变量求解"计算产品定价

　　单变量求解是解决假定一个公式要取的某一结果值，其中变量的引用单元格应取值为多少的问题。例如，本例中涉及到"单变量求解"的两种做法，一种是假设"五仁月饼"的利润为 5 元，求"五仁月饼"的价格；另一种是已知总利润为 25 元和其他 3 种产品的定价，求"新式月饼"的定价。下面将对两种求解进行详细介绍，具体操作方法如下。

STEP 01 **选择"单变量求解"选项** ❶ 选择 D7 单元格，❷ 选择"数据"选项卡，❸ 在"预测"组中单击"模拟分析"下拉按钮，❹ 选择"单变量求解"选项。

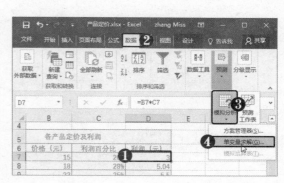

STEP 02 **查看目标单元格** 弹出"单变量求解"对话框，目标单元格即为已选择的 D7 单元格。

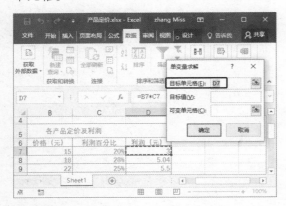

STEP 03 **设置目标值** ❶ 在"目标值"文本框中输入 5，❷ 在表格中选择可变单元格 B7。

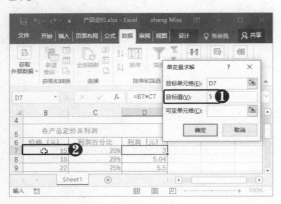

STEP 04 **自动填充单元格地址** 选择 B7 单元格后，该单元格地址会自动填充到"可变单元格"文本框内，单击"确定"按钮。

STEP 05 **确认计算结果** 在弹出的"单变量求解状态"对话框中单击"确定"按钮。

STEP 06 **查看计算结果** 此时 B7 单元格中的数值会根据利润的目标值 5 进行重新计算，并得出数值25。

高手点拨

上述计算过程为已知产品"五仁月饼"的利润为 5 元，计算该产品的定价，涉及到的公式为"D7=B7*C7"，即已知结果 D7 为 5，求单变量 B7 的值。

STEP 07 **选择"单变量求解"选项** ❶ 选择 B3 单元格，❷ 选择"数据"选项卡，❸ 在"预测"组中单击"模拟分析"下拉按钮，❹ 选择"单变量求解"选项。

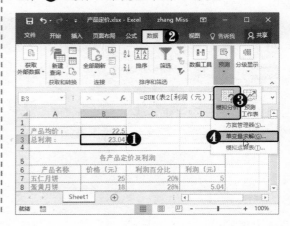

STEP 08 设置目标值　弹出"单变量求解"对话框，❶ 在"目标值"文本框中输入总利润的目标值为 25，❷ 在"可变单元格"文本框中定位光标，❸ 在工作表中选择 B10 单元格。

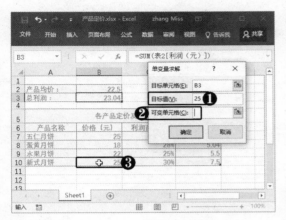

STEP 09 自动填充单元格地址　选择 B10 单元格后，该单元格地址会自动填充到"可变单元格"文本框内，单击"确定"按钮。

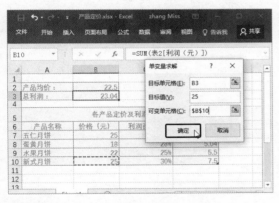

STEP 10 确认计算结果　在弹出的"单变量求解状态"对话框中单击"确定"按钮。

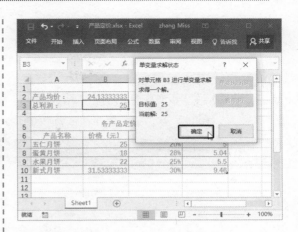

STEP 11 查看计算结果　此时 B10 单元格中的数值会根据总利润的目标值 25 进行重新计算，并得出数值 31.53333333。

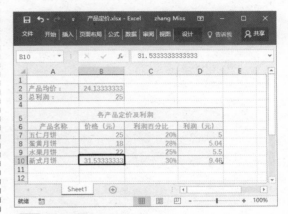

高手点拨

上述计算过程比求解"五仁月饼"的价格更复杂一些，因为计算过程需要首先根据总利润计算出"新式月饼"的利润，然后根据利润再计算"新式月饼"的价格，其中的可变量是"新式月饼"的价格。

9.1.2　使用"方案管理器"制作产品报价表

产品价目表中的数据只针对一级销售商，如果需要制作出针对不同销售商都有对应的产品报价，可以使用方案管理器来实现。

1．添加方案

方案是一组由 Excel 保存在工作表中并可进行自动替换的值。本例中会为每一级销售代理商创建一个方案，每个方案在同一个单元格内对应着不同的数值。添加方案的具体操作方法如下。

STEP 01 打开方案管理器 ❶ 选择"数据"选项卡，❷ 在"预测"组中单击"模拟分析"下拉按钮，❸ 选择"方案管理器"选项。

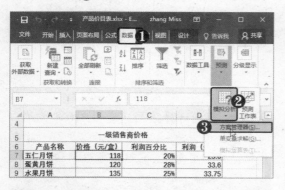

STEP 02 单击"添加"按钮 在弹出的"方案管理器"对话框中单击"添加"按钮。

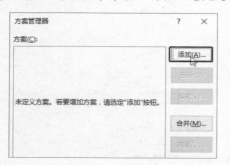

STEP 03 输入方案名 弹出"添加方案"对话框，❶ 在"方案名"文本框中输入"一级销售商价格"，❷ 在"可变单元格"文本框中定位光标。

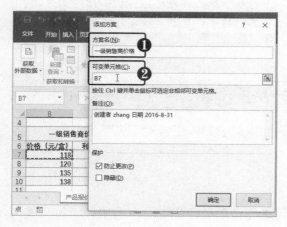

STEP 04 选择可变单元格 在表格中选择B7:B10单元格区域，该单元格区域地址会自动填充到"可变单元格"文本框中。

STEP 05 完成方案编辑 可变单元格选择完成后，返回"编辑方案"对话框，单击"确定"按钮。

STEP 06 设置变量值 弹出"方案变量值"对话框，❶ 在可变单元格地址对应的文本框中输入所需的方案值，此处因是方案"一级销售商价格"的值，所以保持不变，❷ 单击"确定"按钮。

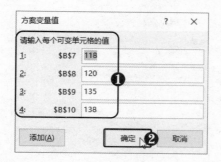

STEP 07 单击"添加"按钮 返回"方案管理器"对话框,单击"添加"按钮,继续添加其他方案。

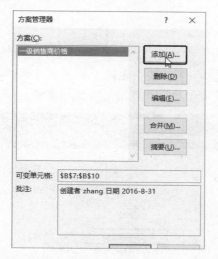

STEP 08 设置二级销售商价格方案 弹出"添加方案"对话框,❶ 在"方案名"文本框中输入"二级销售商价格",❷ 在"可变单元格"文本框中定位光标,❸ 在表格中选择 B7:B10 单元格区域作为可变单元格,❹ 单击"确定"按钮。

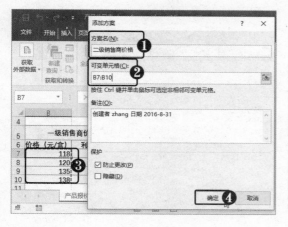

STEP 09 设置二级销售商价格 弹出"方案变量值"对话框,❶ 在可变单元格地址对应的文本框中输入所需的方案值,❷ 单击"确定"按钮。

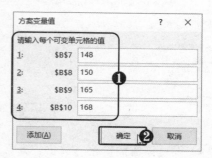

STEP 10 添加零售商价格方案 返回"方案管理器"对话框,单击"添加"按钮,继续添加其他方案。

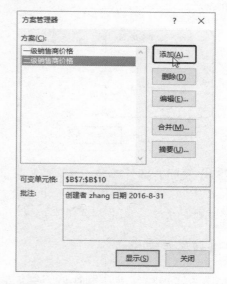

STEP 11 设置零售商价格方案 弹出"添加方案"对话框,❶ 在"方案名"文本框中输入"零售商价格",❷ 在"可变单元格"文本框中定位光标,❸ 在表格中选择 B7:B10 单元格区域作为可变单元格,❹ 单击"确定"按钮。

高手点拨

除了方案、单变量求解和模拟运算表,还可以安装加载项,在"开发工具"选项卡中进行操作即可,如规划求解加载项。

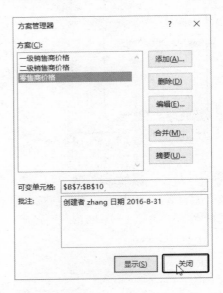

STEP 12 设置零售商价格　弹出"方案变量值"对话框，❶ 在可变单元格地址对应的文本框中输入所需的方案值，❷ 单击"确定"按钮。

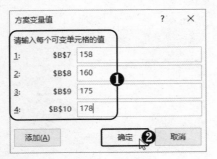

STEP 13 关闭方案管理器　返回"方案管理器"对话框，在"方案"列表框中可以查看已经添加的方案，单击"关闭"按钮。

STEP 14 更改表格名称　将表格名称"一级销售商价格"更改为"各级销售商价格"。

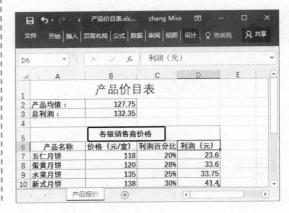

2. 查看各方案数据

为各级销售代理商制作好方案后，可以通过"方案管理器"进行查看，具体操作方法如下。

STEP 01 打开方案管理器　❶ 选择"数据"选项卡，❷ 在"预测"组中单击"模拟分析"下拉按钮，❸ 选择"方案管理器"选项。

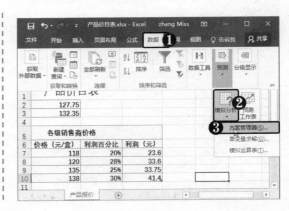

STEP 02 显示二级销售商价格 弹出"方案管理器"对话框，❶ 在"方案"列表框中选择"二级销售商价格"选项，❷ 单击"显示"按钮。

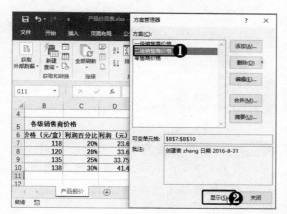

STEP 03 查看二级销售商价格 此时表格中的数据将由一级销售商价格更改为二级销售商的价格。

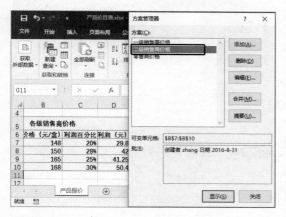

STEP 04 显示零售商价格 在"方案管理器"对话框中，❶ 在"方案"列表框中选择"零售商价格"选项，❷ 单击"显示"按钮。

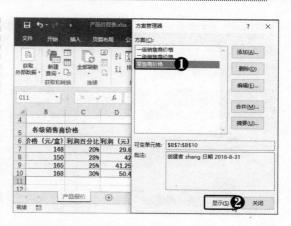

STEP 05 查看零售商价格 此时表格中的数据将由二级销售商价格更改为零售商价格，单击"关闭"按钮。

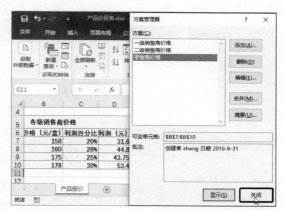

STEP 06 查看最终效果 此时可以看到表格数据仍为零售商价格数据。

3. 生成方案摘要

在表格中添加了多种方案后，若要对比不同方案之间的数据，或需要同时查看不同方案的数据，可以使用方案摘要功能。下面将使用方案摘要功能对比各级销售商的价格，并得出均值和总利润的结果，具体操作方法如下。

STEP 01 打开方案管理器 ❶ 选择"数据"选项卡，❷ 在"预测"组中单击"模拟分析"下拉按钮，❸ 选择"方案管理器"选项。

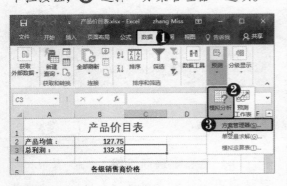

STEP 02 单击"摘要"按钮 在弹出的"方案管理器"对话框中单击"摘要"按钮。

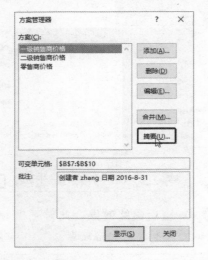

STEP 03 设置方案摘要 弹出"方案摘要"对话框，❶ 选中"方案摘要"单选按钮，❷ 设置"结果单元格"为 B2:B3，❸ 单击"确定"按钮。

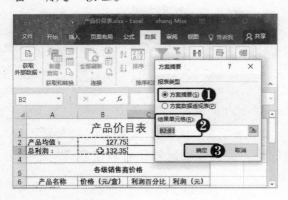

STEP 04 查看摘要 此时将创建新表格"方案摘要"，并列出对应的数据。

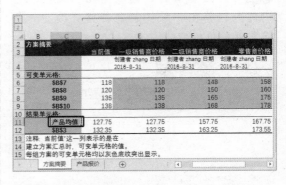

STEP 05 更改表格内容 将表格中的地址更改为对应的"产品报价"表格地址的内容，例如，将结果单元格中的"$B$2"更改为"产品均值"。

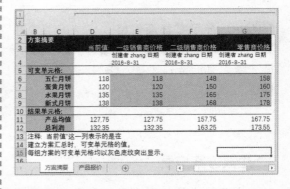

STEP 06 查看最终效果 地址单元格中的内容更改完毕后，查看最终效果。

STEP 07 保存文件 选择"文件"选项卡，❶ 在左侧选择"另存为"命令，❷ 在右侧单击"浏览"按钮。

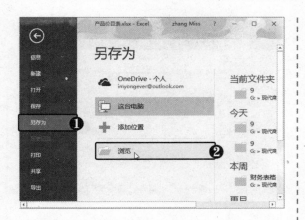

文本框中输入"产品报价表"，**3** 单击"保存"按钮。

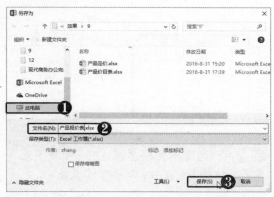

STEP 08 设置保存选项 弹出"另存为"对话框，**1** 选择保存位置，**2** 在"文件名"

9.2 制作产品利润预测表

影响产品总利润的因素有多种，其中包括产品的单价和产品的销量。本例中将介绍当产品销量为变量时，应用模拟运算表预测产品总利润的方法，以及当产品单价和产品销量均为变量时，应用模拟运算表预测产品总利润的方法。

9.2.1 引用销量变化预测总利润

应用模拟运算表可以分析单个数据变化情况，也可以分析两个数据同时变化的情况。下面就以产品销量做变量为例，应用模拟运算表预测产品的总利润。

1．制作总利润预测表

在本例中，要应用模拟运算表功能对变化的销量数据进行总利润的预测，首先需要列举出已知的其他数据和销量数据的初始值，并列举出要进行模拟分析的其他销量数据，输入总利润的计算公式，具体操作方法如下。

STEP 01 新建工作簿 新建"产品利润预测表"工作簿，更改工作表名称为"销量变化预测"。

STEP 02 输入已知数据 在表格的 A1:B3单元格区域内输入内容。

STEP 03 创建模拟运算表区域 在 A5:B11 单元格区域中输入销量数据。

STEP 04 选择单元格区域 在"销量变化预测表"中选择 A1:B3 单元格区域。

STEP 05 设置单元格样式 ❶ 在"开始"选项卡下"样式"组中单击"单元格样式"下拉列表，❷ 选择"输出"选项。

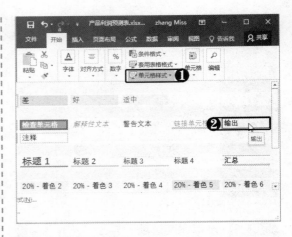

STEP 06 设置单元格格式 设置 A5:B11 单元格区域的单元格样式，并设置其文字居中对齐。

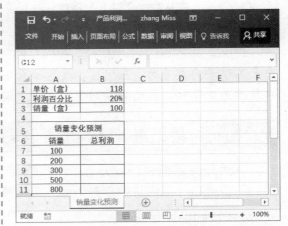

2．添加总利润计算公式

引用销量变化预测总利润时，需在总利润单元格内输入与销量有关的计算公式，此处用到的计算公式为"总利润＝单价×利润百分比×销量"，其中"单价×利润百分比"为每盒的利润，乘上销量就得到了总利润。下面将该计算公式输入到总利润单元格内，具体操作方法如下。

STEP 01 输入计算公式 ❶ 选择 B7 单元格，❷ 在编辑栏中输入公式"=B1*B2*B3"。

STEP 02 查看计算结果 按【Enter】键确认公式输入，可在单元格中得到计算结果。

3. 应用模拟运算表分析单变量

利用输入的公式和销量变量，应用模拟运算表计算出不同销量对应的总利润，具体操作方法如下。

STEP 01 选择"模拟运算表"选项 ❶ 选择 A7:B11 单元格区域，❷ 选择"数据"选项卡，❸ 在"预测"组中单击"模拟分析"下拉按钮，❹ 选择"模拟运算表"选项。

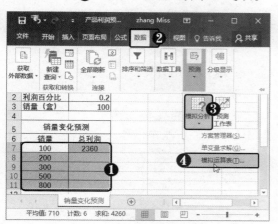

自动填充单元格地址 选择 B3 单元格后，单元格地址会自动填充到文本框中，单击"确定"按钮。

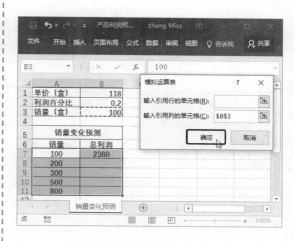

设置输入引用列单元格 弹出"模拟运算表"对话框，❶ 在"输入引用列的单元格"文本框中定位光标，❷ 在表格中选择 B3 单元格。

因为总利润的计算公式为"=B1*B2*B3"，而其中的 B3 单元格为销量数据，所以如果以销量为变量时计算总利润，需要引用 B3 单元格。

查看总利润预测结果 此时在对应的销量后面计算出总利润结果。

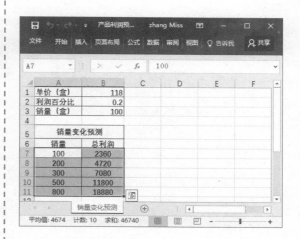

因为销量的变化数据列举在"销量"列中，所以在"模拟运算表"对话框中设置"输入引用列的单元格"选项。

4．利用方案预测多种产品的总利润

上面的预测结果只是针对某种产品的单价和销量，计算得出总利润。如果有多种产品需要根据销量的变化来预测总利润，可以通过方案管理器完成，具体操作方法如下。

STEP 01　打开方案管理器 ❶ 选择"数据"选项卡，❷ 在"预测"组中单击"模拟分析"下拉按钮，❸ 选择"方案管理器"选项。

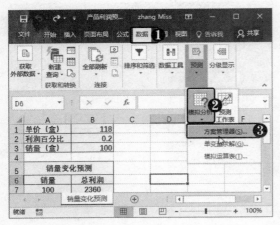

添加五仁月饼方案　在弹出的"方案管理器"对话框中单击"添加"按钮添加方案。

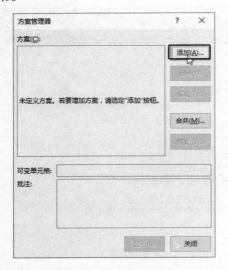

STEP 03　编辑方案　弹出"编辑方案"对话框，❶ 在"方案名"文本框中输入"五仁月饼"，❷ 在"可变单元格"文本框中定位光标。

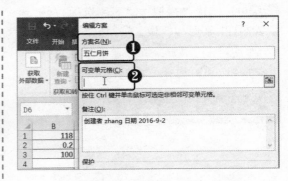

选择可变单元格　在表格中选择B1:B2 单元格区域作为可变单元格。

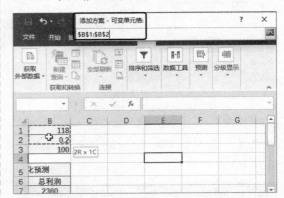

确认编辑方案　此时已将可变单元格地址填充至"可变单元格"文本框中，单击"确定"按钮。

STEP 06 设置方案变量值 弹出"方案变量值"对话框，❶ 设置可变单元格数据分别为 118、0.2，❷ 单击"确定"按钮。

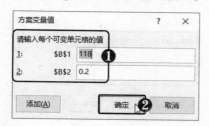

STEP 07 添加蛋黄月饼方案 返回"方案管理器"对话框，单击"添加"按钮，再次添加方案。

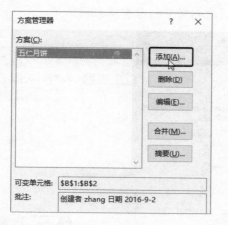

STEP 08 编辑方案 弹出"添加方案"对话框，❶ 在"方案名"文本框中输入"蛋黄月饼"，保持可变单元格为 B1:B2 不变，❷ 单击"确定"按钮。

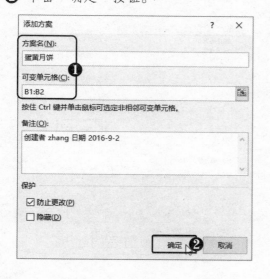

STEP 09 设置方案变量值 弹出"方案变量值"对话框，❶ 设置可变单元格数据分别为 120、0.28，❷ 单击"确定"按钮。

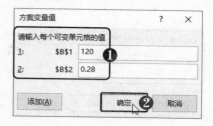

STEP 10 添加水果月饼方案 返回"方案管理器"对话框，单击"添加"按钮，再次添加方案。

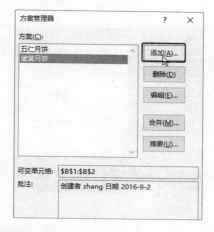

STEP 11 编辑方案 弹出"添加方案"对话框，❶ 在"方案名"文本框中输入"水果月饼"，保持可变单元格为 B1:B2 不变，❷ 单击"确定"按钮。

STEP 12 设置方案变量值 弹出"方案变量值"对话框，❶ 设置可变单元格数据分别为 135、0.25，❷ 单击"确定"按钮。

STEP 13 添加新式月饼方案 返回"方案管理器"对话框，单击"添加"按钮，再次添加方案。

STEP 14 编辑方案 弹出"添加方案"对话框，❶ 在"方案名"文本框中输入"新式月饼"，保持可变单元格为 B1:B2 不变，❷ 单击"确定"按钮。

STEP 15 设置方案变量值 弹出"方案变量值"对话框，❶ 设置可变单元格数据分别为 138、0.3，❷ 单击"确定"按钮。

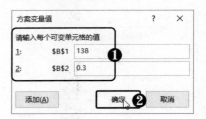

STEP 16 显示其他产品预测值 ❶ 在方案列表框中选择"水果月饼"选项，❷ 单击"显示"按钮。此时即可从表格中查看水果月饼数据对应的总利润预测结果。

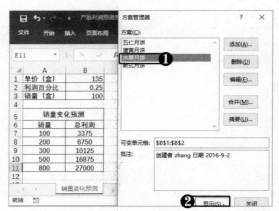

STEP 17 生成摘要 在"方案管理器"对话框中单击"摘要"按钮。

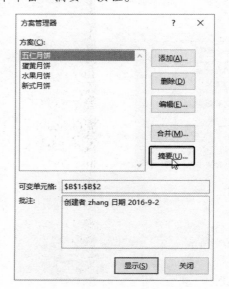

STEP 18 设置结果单元格　弹出"方案摘要"对话框，❶ 设置结果单元格为"B8,B9,B10,B11"，❷ 单击"确定"按钮。

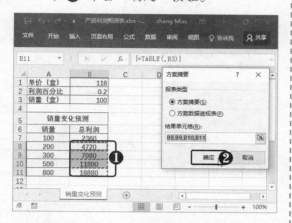

STEP 19 查看摘要　此时即可自动创建新工作表"方案摘要"。

B	C	D	E	F	G	H
方案摘要						
		当前值	五仁月饼	蛋黄月饼	水果月饼	新式月饼
可变单元格:						
	$B$1	118	118	120	135	138
	$B$2	0.2	0.2	0.28	0.25	0.3
结果单元格:						
	$B$8	4720	4720	6720	6750	8280
	$B$9	7080	7080	10080	10125	12420
	$B$10	11800	11800	16800	16875	20700
	$B$11	18880	18880	26880	27000	33120

注释：当前值"这一列表示的是在
建立方案汇总时，可变单元格的值。
每组方案的可变单元格均以灰色底纹突出显示。

STEP 20 更改地址为列/行名　将"方案摘要"工作表中包含的地址更改为相应文字内容。

B	C	D	E	F	G	H
方案摘要						
		当前值	五仁月饼	蛋黄月饼	水果月饼	新式月饼
可变单元格:						
	单价	118	118	120	135	138
	利润百分比	0.2	0.2	0.28	0.25	0.3
结果单元格:	总利润					
	销量/200	4720	4720	6720	6750	8280
	销量/300	7080	7080	10080	10125	12420
	销量/500	11800	11800	16800	16875	20700
	销量/800	18880	18880	26880	27000	33120

注释：当前值"这一列表示的是在建立方案汇总时，可变单元格的值。
每组方案的可变单元格均以灰色底纹突出显示。

9.2.2 引用销量和单价的变化预测总利润

当产品销量和单价均发生变化时，可以应用模拟运算表对两个变量进行预测分析，计算出含有两个变量的公式结果。本例中涉及到的计算公式为"=B1*B2*B3"，其中的变量为 B1 和 B3。

1. 制作总利润预测表

当销量和单价均发生变化时，总利润的预测也会发生一些变化，需要应用模拟运算表对这两个变量进行同时分析。在应用模拟运算表功能之前，同样需要先制作总利润预测表，具体操作方法如下。

STEP 01 复制工作表　❶ 右击工作表标签，❷ 在弹出的快捷菜单中选择"移动或复制"命令。

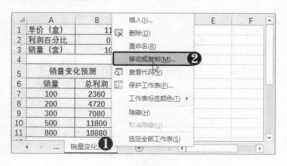

STEP 02 设置复制位置　弹出"移动或复制工作表"对话框，❶ 在"工作簿"下拉列表框中选择"产品利润预测表"选项，❷ 在"下列选定工作表之前"列表框中选择"移至最后"选项，❸ 选中"建立副本"复选框，❹ 单击"确定"按钮。

STEP 03 查看复制效果 此时将会把"销量变化预测"工作表复制到工作簿的最后,并命名为"销量变化预测（2）"。

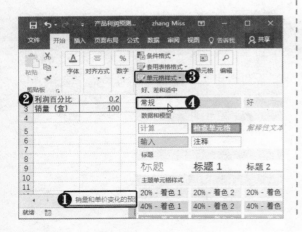

STEP 04 修改销量和单价变化预测工作表 ❶ 将工作表名称更改为"销量和单价变化预测", ❷ 选择 A5:B11 单元格区域,并删除其内容, ❸ 在"开始"选项卡下"样式"组中单击"单元格样式"下拉按钮, ❹ 选择"常规"选项。

STEP 05 输入已知数据 在 A5:G11 单元格区域内输入双变量模拟运算表所需的已知数据,并选择该单元格区域。

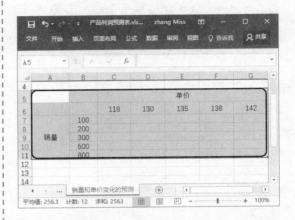

STEP 06 设置单元格样式 ❶ 在"开始"选项卡下"样式"组中单击"单元格样式"下拉按钮, ❷ 选择"输出"选项。

STEP 07 查看最终效果 单元格样式设置完成后,查看最终表格效果。

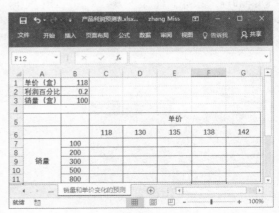

2. 添加总利润计算公式

引用销量和单价的变化预测产品总利润，需要在总利润单元格内输入与销量及单价有关的计算公式，此处用到的计算公式仍然为"总利润=单价×利润百分比×销量"。下面将该计算公式输入到总利润单元格内，具体操作方法如下。

STEP 01 输入计算公式 ❶ 选择 B6 单元格，❷ 在编辑栏中输入公式"=B1*B2*B3"。

查看计算结果 按【Enter】键确认公式输入，可从单元格中得到计算结果。

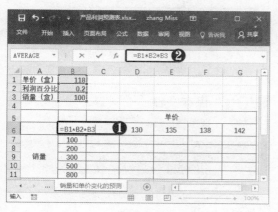 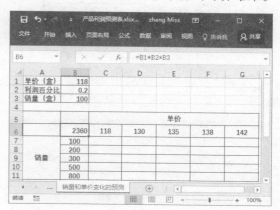

3. 应用模拟运算表分析双变量

应用模拟运算表功能分析双变量与分析单变量的操作基本相同，只是在引用单元格设置中增加了一项，前面介绍的单变量只需设置列引用（或行引用），这里需要行和列引用同时设置，具体操作方法如下。

STEP 01 选择"模拟运算表"选项 ❶ 选择 B6:G11 单元格区域，❷ 选择"数据"选项卡，❸ 在"预测"组中单击"模拟分析"下拉按钮，❹ 选择"模拟运算表"选项。

元格"文本框中定位光标，❷ 在表格中选择 B1 单元格。

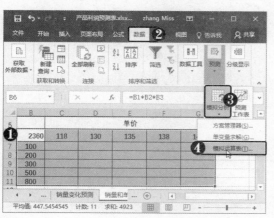 

输入引用行的单元格 弹出"模拟运算表"对话框，❶ 在"输入引用行的单

STEP 03 输入引用列的单元格 ❶ 在"输入引用列的单元格"文本框中定位光标，❷ 在表格中选择 B3 单元格。

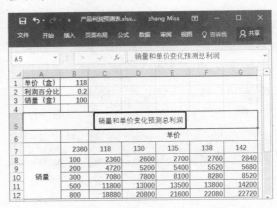

量和单价变化预测总利润"。

STEP 04 查看总利润的预测结果 此时表格中将计算出总利润的计算结果。

STEP 06 保存文件 在快速启动栏中单击"保存"按钮，保存工作簿。

STEP 05 插入标题行 在模拟运算表格上方插入一行，合并单元格，并输入标题"销

PPT 普通演示文稿的制作

PowerPoint 是 Office 套装软件的重要组成部分，使用它可以制作出带有图片、图形、表格以及图表的演示文稿，被广泛应用于课堂演示、教育培训、公司会议及各种演示会等场合。本章首先将介绍普通演示文稿的制作方法。

创建模板演示文稿

设置幻灯片大小

10.1 制作产品展示演示文稿

10.2 制作企业宣传演示文稿

10.1 制作产品展示演示文稿

下面以制作"圆月"月饼产品展示的演示文稿为例，详细介绍如何创建普通幻灯片，以及幻灯片的内容填充与保存等操作。

10.1.1 模板演示文稿的创建与保存

在介绍演示文稿的设计与内容编辑之前，首先介绍其创建方法。演示文稿有多种创建方法，下面以使用模板创建演示文稿为例介绍演示文稿的创建与保存。

1．使用模板创建演示文稿

本例介绍使用联机模板创建演示文稿，具体操作方法如下。

STEP 01 **单击"主题"超链接** 打开 PowerPoint 程序，在欢迎界面的搜索框下方单击"主题"超链接。

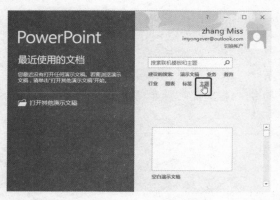

STEP 02 **选择模板** 开始联机搜索演示文稿，在"切片"列表框中选择"肥皂"模板。

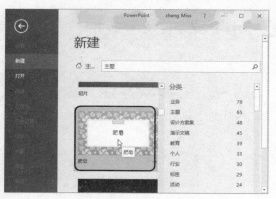

STEP 03 **选择模板样式** 在弹出的对话框中显示该模板预览图及不同色系样式的多

种选项，❶ 选择需要的样式选项，❷ 单击"创建"按钮。

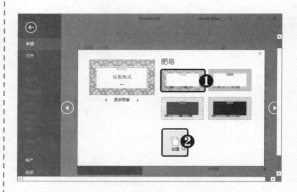

STEP 04 **创建模板演示文稿** 此时即可根据模板创建演示文稿，从中可以新建已经设计好的幻灯片版式。在快速工具栏中单击"保存"按钮，保存文件。

2. 保存演示文稿

创建好演示文稿后，首先需要对其进行保存，因为首次保存需要设置保存位置和名称。保存完成后，在以后的编辑中就可以随时按【Ctrl+S】组合键保存文档，防止丢失。保存文稿的具体操作方法如下。

STEP 01 单击"浏览"按钮 ❶ 在左侧选择"另存为"命令，❷ 在右侧单击"浏览"按钮。

话框，❶ 选择保存位置，❷ 在"文件名"文本框中输入文件名"产品展示"，❸ 单击"保存"按钮。

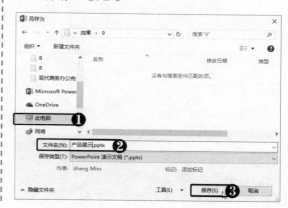

STEP 02 保存演示文稿 弹出"另存为"对

10.1.2 幻灯片的基本操作

幻灯片的基本操作包括新建、复制、移动、向幻灯片中添加内容，以及幻灯片版式的更改与重置等操作。

1. 幻灯片的新建、复制和移动

有的演示文稿模板内只包含一张幻灯片，如果需要添加更多的内容，则需要新建幻灯片，或直接复制该幻灯片。下面对幻灯片的新建、复制和移动进行详细介绍，具体操作方法如下。

STEP 01 选择幻灯片版式 ❶ 在"开始"选项卡下"幻灯片"组中单击"新建幻灯片"下拉按钮，❷ 选择"两栏内容"幻灯片版式。

STEP 02 查看新建幻灯片效果 此时已新建幻灯片2，且幻灯片的版式是"两栏内容"。

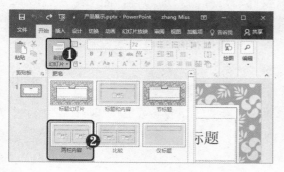

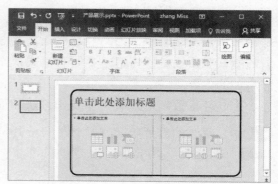

STEP 03 新建空白版式　若版式列表中没有合适的版式，可以新建空白版式，再根据需求自行设计。❶ 单击"新建幻灯片"下拉按钮，❷ 选择"空白"版式。

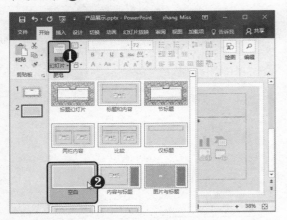

STEP 04 复制幻灯片　此时创建的幻灯片是空白版式。❶ 选择该空白版式幻灯片，❷ 在"剪贴板"组中单击"复制"按钮。

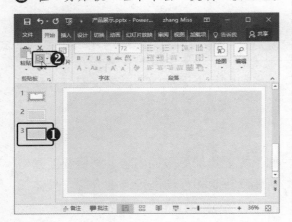

STEP 05 粘贴幻灯片　在"剪贴板"组中单击"粘贴"按钮，即可粘贴空白版式幻灯片。多次单击"粘贴"按钮，可以粘贴多张空白版式幻灯片。

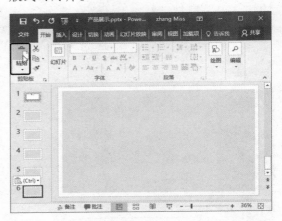

STEP 06 移动幻灯片　拖动"两栏内容"版式的幻灯片2至最后，松开鼠标即可将该幻灯片移到幻灯片列表的最后。

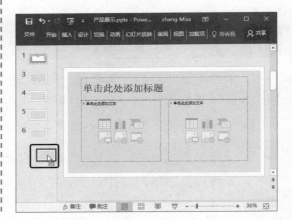

2. 幻灯片版式的更改与重置

幻灯片的版式可以更改与重置，例如，需要向幻灯片内添加内容，而幻灯片的版式是空白版式，此时除了为幻灯片插入文本框等元素的方式外，还可将空白版式更改为合适的版式。重置是指将幻灯片所有格式操作清除，恢复到模板原有格式设置，但并不删除添加的内容。

更改与重置幻灯片的具体操作方法如下。

STEP 01 更改幻灯片版式　❶ 选择幻灯片2，❷ 在"开始"选项卡下"幻灯片"组中　单击"版式"下拉按钮，❸ 选择"内容与标题"选项。

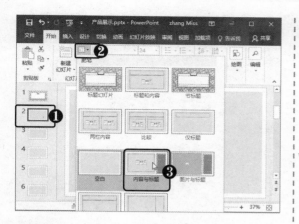

STEP 02 查看更改版式效果　此时即可将幻灯片的版式更改为"内容与标题"版式。

STEP 03 添加内容　向幻灯片的标题文本框内输入标题内容"产品介绍"。

3. 向幻灯片中添加内容

下面将介绍如何向幻灯片内添加内容，具体操作方法如下。

STEP 01 输入主标题　❶ 选择幻灯片 1，❷ 在主标题文本框内输入标题内容"中秋团圆节"。

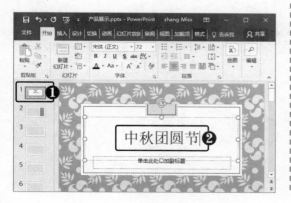

STEP 04 重置幻灯片　❶ 选择幻灯片 2，❷ 在"开始"选项卡下"幻灯片"组中单击"重置"按钮，即可清除格式。

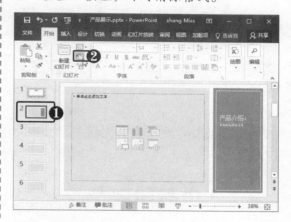

STEP 02 设置标题文字格式　❶ 选中标题文字，❷ 设置"字体"为"方正隶书简体"，❸ 设置"字号"为 88，❹ 单击"加粗"按钮 B，❺ 选择字体颜色为红色。

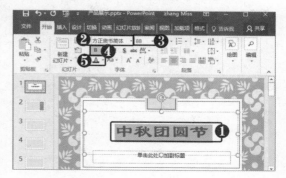

STEP 03 输入副标题 ❶ 在副标题文本框中输入副标题内容"赏月必备品—'圆月'月饼"，❷ 在"开始"选项卡下"段落"组中单击"右对齐"按钮。

STEP 04 调整文本框大小 拖动文本框四周的控制柄，调整文本框为合适的大小。

高手点拨

若要使文本框距幻灯片边界的左右宽度相同，可在鼠标拖动左侧（或右侧）控制柄的同时按住【Ctrl】键。按住【Shift】键则会保持拖动方向为水平，也可在拖动控制柄时同时按住【Ctrl+Shift】组合键。

STEP 05 设置副标题文字格式 ❶ 设置"字体"为"微软雅黑"，❷ 设置"字号"为 24。

STEP 06 查看标题效果 第 1 张幻灯片的内容标题输入完成。

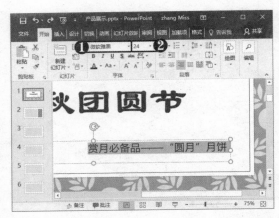

STEP 07 插入图片 ❶ 选择幻灯片 2，❷ 在文本框中单击"图片"按钮，向幻灯片中插入图片。

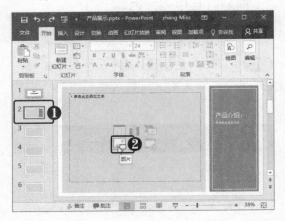

STEP 08 选择图片 弹出"插入图片"对话框，❶ 选择要插入的图片，❷ 单击"插入"按钮。

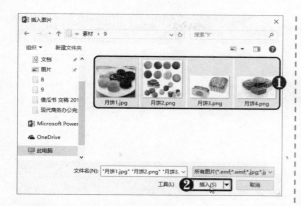

STEP 09 查看插入图片效果 此时即可将所选图片全部插入到幻灯片中，并全部处于选中状态。

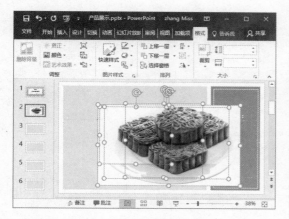

STEP 10 调整图片大小与位置 **❶** 单击幻灯片空白位置，取消所有图片的选中状态，

❷ 选中需要设置大小与位置的图片，**❸** 拖动图片四周的控制柄，调整其大小；拖动图片，将其移到合适的位置。

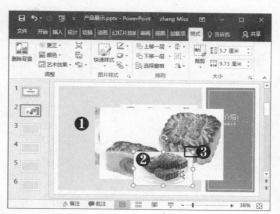

STEP 11 调整其他图片 采用同样的方法，更改其他图片的大小和位置。

10.1.3 利用母版视图制作产品 Logo

　　幻灯片母版控制整个演示文稿的外观，包括颜色、字体、背景、效果和其他所有内容。幻灯片母版视图中除了有控制全局外观的幻灯片母版，还有该主题样式下包含的其他各版式的母版，如"两栏内容"、"标题与内容"、"内容与标题"等版式的母版。

　　更改幻灯片母版的外观，效果会作用于除特殊格式外的其他所有幻灯片。但是，若只更改其中一种版式的母版，如更改"两栏内容"版式的母版，则效果只会作用于使用"两栏内容"版式的所有幻灯片。本例就在母版中设置产品 Logo，使其显示在所有幻灯片中。

1. 插入 Logo 图片

　　企业产品的 Logo 包含图片和文字两部分。向母版中插入产品图片的具体操作方法如下。

STEP 01 单击"幻灯片母版"按钮 ❶ 选择"视图"选项卡，❷ 在"母版视图"组中单击"幻灯片母版"按钮。

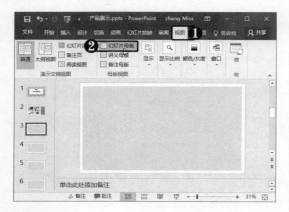

STEP 02 显示"幻灯片母版"选项卡 打开母版视图的同时会自动显示"幻灯片母版"选项卡。

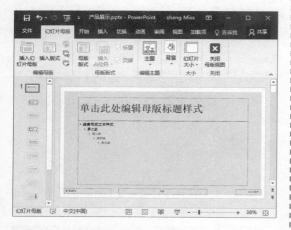

STEP 03 单击"图片"按钮 ❶ 选择幻灯片母版，❷ 选择"插入"选项卡，❸ 在"图像"组中单击"图片"按钮。

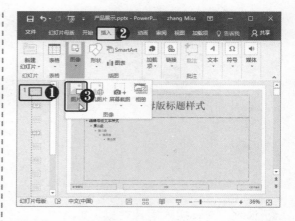

STEP 04 选择图片 弹出"插入图片"对话框，❶ 选择需要插入的图片，❷ 单击"插入"按钮。

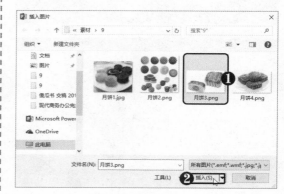

STEP 05 查看插入图片效果 此时即可将图片插入到幻灯片母版中。

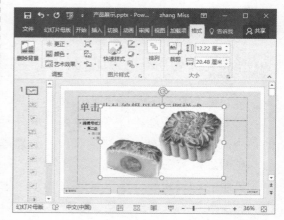

2. 设置图片透明色

插入的图片往往带有底色，如果 Logo 图片不再需要底色修饰，可以通过设置透明色功能将底色除掉，具体操作方法如下。

STEP 01 选择"设置透明色"选项　选择图片，❶ 选择"格式"选项卡，❷ 在"调整"组中单击"颜色"下拉按钮，❸ 选择"设置透明色"选项。

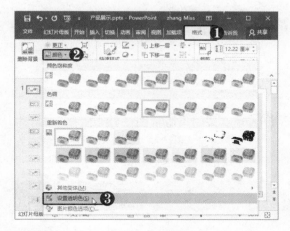

STEP 02 查看鼠标指针状态　此时鼠标指针形状将变为🖌形状。

STEP 03 设置透明色　在图片上单击鼠标左键，即可将图片的底色设置为透明。

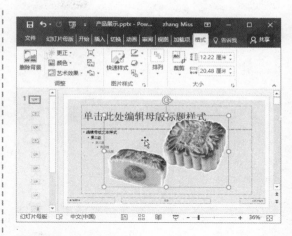

STEP 04 调整图片大小　将图片缩小，并拖动图片至幻灯片的右上角。

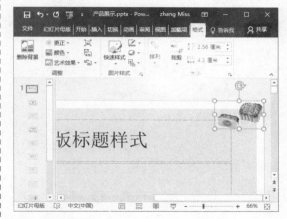

高手点拨

在"幻灯片母版"视图左窗格的母版缩略图中，第一个母版即为主母版，其他为各版式母版。主母版影响着所有的版式母版，如统一的内容、图片、背景和格式。

3. 插入艺术字

下面使用艺术字功能为母版插入企业名称"圆月月饼"，插入艺术字并设置字体格式的具体操作方法如下。

STEP 01 插入艺术字　❶ 选择幻灯片母版，❷ 选择"插入"选项卡，❸ 在"文本"组中单击"艺术字"下拉按钮，❹ 选择"填充-青绿，着色3，锋利棱台"选项。

Word/Excel/PPT 2016商务办公手册

STEP 02 **输入文字** 在弹出的艺术字文本框中输入文字"圆月月饼"。

STEP 05 **关闭母版视图** ❶ 选择"幻灯片母版"选项卡，❷ 在"关闭"组中单击"关闭母版视图"按钮。

STEP 03 **设置艺术字格式** ❶ 选中输入的文字，❷ 选择"开始"选项卡，❸ 在"字体"组中设置"字体"为"汉仪哈哈体简"，"字号"为 28。

STEP 06 **查看 Logo 效果** 在视图栏中单击"幻灯片浏览"按钮，可在幻灯片的右上角查看到制作完成的企业产品 Logo。

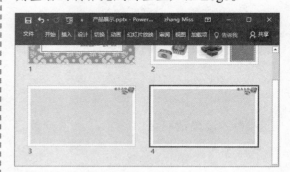

STEP 04 **移动艺术字位置** 将艺术字的文本框拖至幻灯片右上角合适的位置。

高手点拨

若在幻灯片没有因主母版的设置而发生变化，则需要重置幻灯片的版式，在"开始"选项卡下"幻灯片"组中单击"重置"按钮即可。

10.1.4 添加和编辑幻灯片对象

在使用 PowerPoint 制作演示文稿的过程中，支持在幻灯片中插入表格、图像、形状、图表、视频或音频等不同类型的对象，使演示文稿更加丰富，更具有吸引力。下面对常用的幻灯片对象的插入和编辑方法进行详细介绍。

1. 插入表格

表格在 PowerPoint 中是一种很好的组织文档信息的表述方法，使用表格可以更简洁明了地显示数据或内容。在幻灯片中插入表格的具体操作方法如下。

STEP 01 插入表格 ❶ 选择幻灯片3，❷ 选择"插入"选项卡，❸ 单击"表格"下拉按钮，❹ 选择"插入表格"选项。

STEP 02 设置表格的行/列 弹出"插入表格"对话框，❶ 设置"列数"为2、"行数"为6，❷ 单击"确定"按钮。

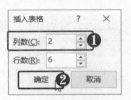

STEP 03 调整表格大小 此时已将表格插入到幻灯片中，拖动表格四周的控制柄，可以调整表格的大小。

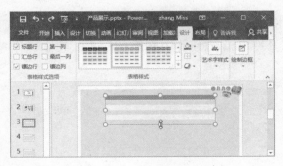

STEP 04 输入文字 ❶ 在表格内输入介绍性文字，❷ 拖动单元格的边线，调整单元格的宽度。

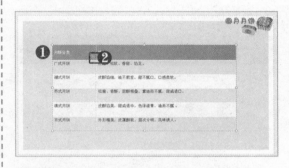

STEP 05 设置单元格对齐方式 ❶ 选择首列单元格，❷ 选择"布局"选项卡，❸ 在"对齐方式"组中单击"居中"按钮。

STEP 06 设置表格垂直居中 ❶ 选择整个表格，❷ 在"布局"选项卡下"对齐方式"组中单击"垂直居中"按钮。

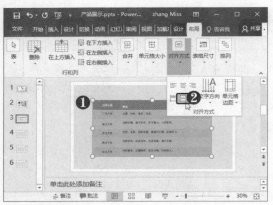

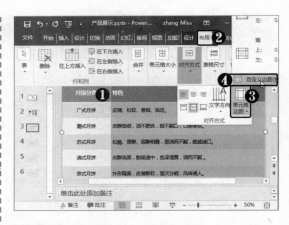

STEP 07 设置字体格式 ❶ 选择表格中的正文文字，❷ 选择"开始"选项卡，❸ 设置正文"字体"为"微软雅黑"、"字号"为 16。

STEP 09 设置内边距 弹出"单元格文本布局"对话框，❶ 设置内边距"向左"为"1厘米"，❷ 单击"确定"按钮。

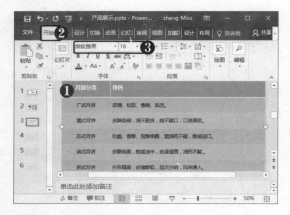

STEP 08 自定义单元格边距 ❶ 选择第 2列单元格，❷ 选择"布局"选项卡，❸ 在"对齐方式"组中单击"单元格边距"下拉按钮，❹ 选择"自定义边距"选项。

STEP 10 查看设置效果 此时第 2 列的内容会整体向后移动。

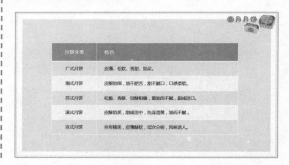

2. 插入图表

在幻灯片中可以通过插入条形图、面积图或折线图等图表来轻松显示数据中的走向与趋势，以及数据的对比情况等。下面将介绍 PowerPoint 中图表的应用，具体操作方法如下。

STEP 01 单击"图表"按钮 ❶ 选择幻灯片 4，❷ 选择"插入"选项卡，❸ 在"插入图"组中单击"图表"按钮。

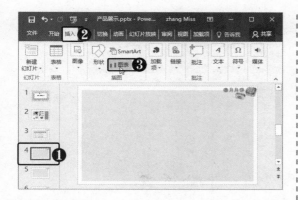

STEP 02 选择图表类型　弹出"插入图表"对话框，❶ 在左侧选择"柱形图"选项，❷ 在右侧选择"三维簇状柱形图"，❸ 单击"确定"按钮。

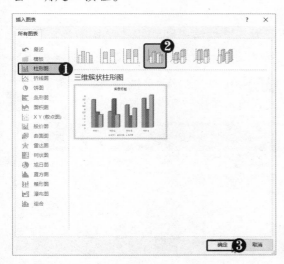

STEP 03 输入图表数据　此时将弹出 Excel 表格，❶ 在表格中输入柱形图所需的数据，❷ 单击"关闭"按钮。

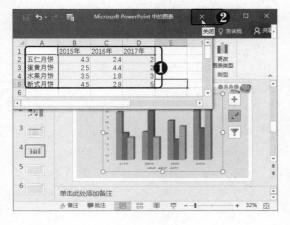

STEP 04 查看图表效果　此时将显示设置完成的数据图表。

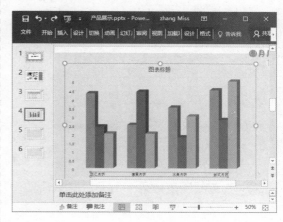

高手点拨

　　如果需要再次打开 Excel 表格编辑数据，可先选择图表，然后选择"设计"选项卡，在"数据"组中单击"编辑数据"按钮即可。

STEP 05 设置文字格式　❶ 选择"水平（类别）轴"文本框，❷ 选择"开始"选项卡，❸ 在"字体"组中设置"字号"为18。

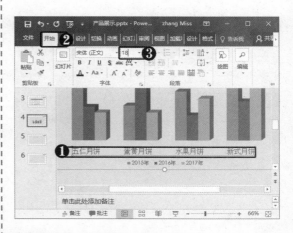

STEP 06 输入图表标题　❶ 在"图表标题"文本框中输入标题内容，❷ 在"字体"组中设置"字号"为24，❸ 单击"加粗"按钮 B。

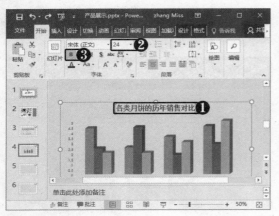

完成，查看最终效果。

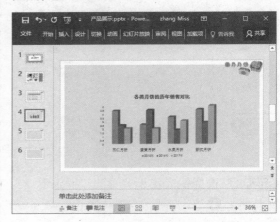

STEP 07 查看图表效果　图表的基本设置

3. 插入 SmartArt 图形

SmarArt 图形包括图形列表、流程图以及更为复杂的维恩图和组织结构图等。插入 SmartArt 图形后，方便以直观的方式交流信息。插入 SmartArt 图形的具体操作方法如下。

STEP 01 单击 SmartArt 按钮　❶ 选择幻灯片 5，❷ 选择"插入"选项卡，❸ 在"插图"组中单击 SmartArt 按钮。

STEP 02 选择 SmartArt 图形　弹出"选择 SmartArt 图形"对话框，❶ 在左侧列表中选择"流程"选项，❷ 在流程列表框中选择"图片重点流程"选项，❸ 单击"确定"按钮。

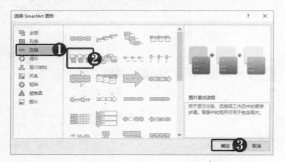

STEP 03 单击"图片"按钮　此时即可插入流程图，单击"图片"按钮。

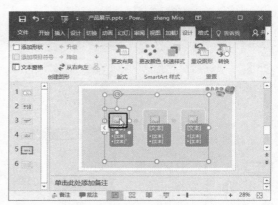

STEP 04 选择"来自文件"选项　弹出"插入图片"对话框，在"来自文件"选项右侧单击"浏览"按钮。

STEP 05 插入图片 弹出"插入图片"对话框，❶ 选择合适的图片，❷ 单击"插入"按钮。

STEP 06 输入文字 在插入图片的形状下方文本框内输入介绍文字。

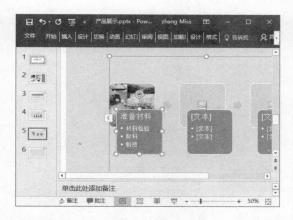

STEP 07 填充其他形状 向其他形状中插入合适的图片，并输入相应的介绍性文字。

STEP 08 添加形状 ❶ 选择流程图，❷ 选择"设计"选项卡，❸ 在"创建图形"组中单击"添加形状"下拉按钮，❹ 选择"在后面添加形状"选项。

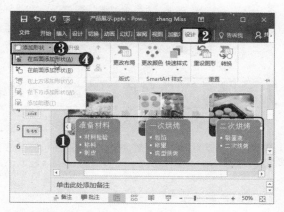

STEP 09 查看添加形状效果 此时即可在流程图的最后添加形状。

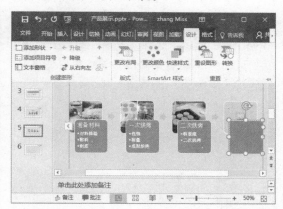

STEP 10 添加内容 ❶ 同样向形状中插入图片及文字，❷ 拖动流程图四周的控制柄，调整其大小。❸ 在快速启动栏中单击"保存"按钮，保存文件。

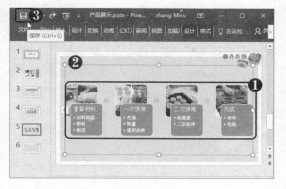

10.2 制作企业宣传演示文稿

　　企业文化的宣传途径有多种，除了制作宣传手册或宣传片外，还可以通过制作生动有趣的宣传演示文稿来实现。演示文稿通常需要介绍企业的发展历史、企业文化、企业规模和主营产品、业务等。下面以制作企业宣传演示文稿为例，详细介绍如何制作风格统一的演示文稿。

10.2.1 创建风格统一的演示文稿

　　企业的宣传文稿需要统一风格，如果背景或样式太过花哨，很容易传达出不稳定、浮躁的感觉。本例中的演示文稿会在统一的主题样式下进行修饰和调整，涉及到幻灯片背景、主题样式、幻灯片母版以及对象插入等操作。

1．创建演示文稿

　　制作本例中的演示文稿要从创建空白演示文稿开始。空白演示文稿也是一种模板文稿，但它不带有任何预设样式。创建空白文稿的具体操作方法如下。

STEP 01 选择"空白演示文稿"选项　打开 PowerPoint 程序，选择"文件"选项卡，❶ 在左侧选择"新建"命令，❷ 在右侧选择"空白演示文稿"选项。

STEP 02 创建空白演示文稿　此时将创建空白演示文稿，其中只含有一张没有任何预设样式的"标题幻灯片"。在快速启动栏中单击"保存"按钮📘。

STEP 03 保存文件　此时自动跳转到"另存为"窗口，单击"浏览"按钮。

STEP 04 设置保存选项　弹出"另存为"对话框，❶ 选择保存位置，❷ 在"文件名"文本框中输入"企业宣传"，❸ 单击"保存"按钮。

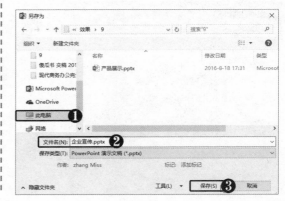

2. 应用主题样式

PowerPoint 中包含大量的主题，可以使用这些预设主题样式来展示内容。每个主题都有其自己唯一的一组颜色、字体和效果来创建幻灯片的整体外观。在本例中，需要为企业宣传演示文稿选择偏向简洁、沉稳的商务风格，具体操作方法如下。

STEP 01 单击"其他"按钮 ❶ 选择"设计"选项卡，❷ 在"主题"组中单击"其他"按钮。

STEP 02 选择主题 在展开的主题列表中选择"回顾"主题。

STEP 03 设置主题颜色 在"设计"选项卡下"变体"列表框中选择"绿色"选项。

STEP 04 新建幻灯片 此时主题颜色更改为绿色，❶ 选择"开始"选项卡，❷ 在"幻灯片"组中单击"新建幻灯片"按钮，新建多张幻灯片。

3. 更改幻灯片大小

幻灯片可以自定义大小，它的标准尺寸是 4:3，本例中创建的是宽屏幻灯片，若要更改为其他尺寸，需要通过"自定义"功能来实现，具体操作方法如下。

STEP 01 选择"自定义幻灯片大小"选项 ❶ 选择"设计"选项卡，❷ 在"自定义"组中单击"幻灯片大小"下拉按钮，❸ 选择"自定义幻灯片大小"选项。

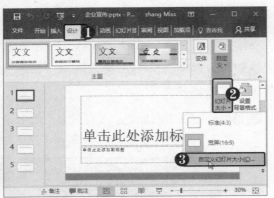

STEP 02 设置幻灯片大小 弹出"幻灯片大小"对话框，❶ 单击"幻灯片大小"下拉按钮，❷ 选择"全屏显示（16：10）"选项，❸ 单击"确定"按钮。

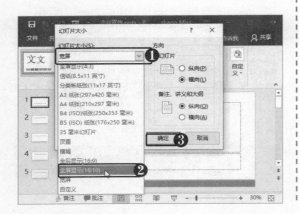

STEP 03 单击"确保适合"按钮 弹出提示信息框，根据提示做出判断，在此单击"确保适合"按钮。

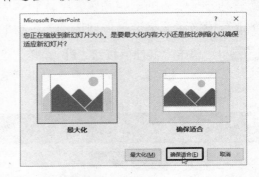

STEP 04 查看设置效果 完成幻灯片大小的自定义后，可以看出幻灯片的长宽比例与大小的变化。

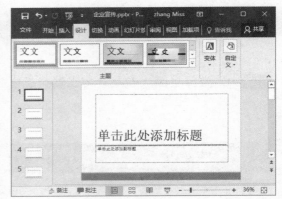

高手点拨

在幻灯片中按住【Ctrl】键的同时滚动鼠标滚轮，可以增大或减小缩放比例。按【Ctrl+Shift+Tab】组合键，即可在缩略图和大纲视图之间切换。

10.2.2 设计演示文稿的母版

前面介绍了母版的基本应用，下面将应用母版的控制功能以企业制作宣传演示文稿的母版为例，介绍如何制作统一的背景样式、更改母版中包含的预设版式、新建幻灯片版式等知识。

1. 设置母版背景

下面以为演示文稿的每张幻灯片都加上公司名称为例，介绍母版和文本框的应用，具体操作方法如下。

STEP 01 **进入母版视图** ❶ 选择"视图"选项卡，❷ 在"母版视图"组中单击"幻灯片母版"按钮。

STEP 02 **插入文本框** ❶ 选择"幻灯片母版"❷ 选择"插入"选项卡，❸ 在"文本"组中单击"文本框"下拉按钮，❹ 选择"横排文本框"选项。

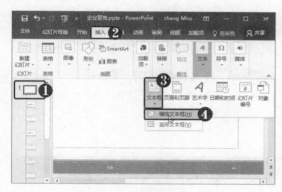

STEP 03 **输入文字** 在幻灯片母版的右下角单击，即可插入文本框，在文本框内输入公司名称。

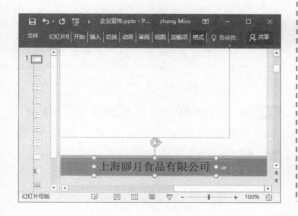

STEP 04 **设置字体格式** ❶ 选择文本框，❷ 选择"开始"选项卡，❸ 在"字体"组中设置"字体"为"隶书"、"字号"为18、"字体颜色"为白色。

STEP 05 **关闭母版视图** ❶ 选择"幻灯片母版"选项卡，❷ 在"关闭"组中单击"关闭母版视图"按钮。

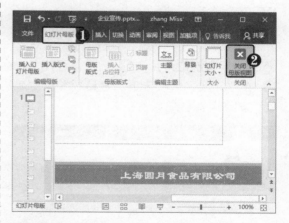

STEP 06 **查看设置效果** 此时除封面幻灯片外，其余均已插入公司名称文本框。

2．修改"图片与标题"版式的母版

幻灯片母版的下一级中包含了该演示文稿中涉及到的其他具体版式的母版，为了介绍这些具体版式母版与幻灯片母版的区别，本例通过修改"图片与标题"版式的母版外观，查看其与幻灯片母版的不同作用范围。为了方便查看修改效果，需先新建多张"图片与标题"版式的幻灯片，然后对该版式的母版进行修改，具体操作方法如下。

STEP 01 更改幻灯片版式 ❶ 选择幻灯片6，❷ 在"开始"选项卡下"幻灯片"组中单击"幻灯片版式"下拉按钮🖳，❸ 选择"图片与标题"选项。

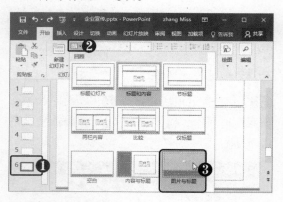

STEP 02 复制幻灯片 ❶ 选择幻灯片6，❷ 在"开始"选项卡下"剪贴板"组中单击"复制"按钮🖳。

高手点拨

从新建的"图片与标题"幻灯片中可以看到，幻灯片的右下角并没有显示已经添加的公司名称文本框。因此，如果需要更改像这种带有背景形状的版式时，需要进入到母版视图，对该版式母版单独进行修改。

STEP 03 粘贴幻灯片 在"剪贴板"组中多次单击"粘贴"按钮，粘贴多张"图片与标题"幻灯片。

STEP 04 进入母版视图 ❶ 选择"视图"选项卡，❷ 在"母版视图"组中单击"幻灯片母版"按钮。

STEP 05 选择要修改版式的母版 ❶ 在左侧母版列表框中选择"图片与标题"母版，❷ 选择幻灯片上部分的形状。

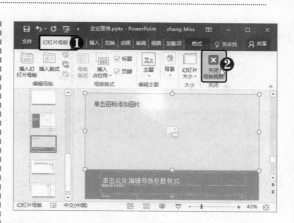

STEP 06 设置形状格式 ❶ 选择"格式"选项卡，❷ 在"形状样式"组中单击"形状填充"下拉按钮，❸ 选择"酸橙色"色块。

STEP 08 查看设置效果 此时即可从幻灯片的改变结果中看到修改"图片与标题"母版只作用于应用该版式的幻灯片，其他幻灯片保持不变。

STEP 07 关闭母版视图 ❶ 选择"幻灯片母版"选项卡，❷ 在"关闭"组中单击"关闭母版视图"按钮。

3. 新建幻灯片版式的母版

演示文稿中包含的版式都是比较常用、普遍化的版式，若对幻灯片的版式要求比较高，且需要多次使用，可以将需要的版式自定义为母版。下面以自定义"竖排文本框与图片"版式的母版为例进行介绍，具体操作方法如下。

STEP 01 进入母版视图 ❶ 选择"视图"选项卡，❷ 在"母版视图"组中单击"幻灯片母版"按钮。

STEP 02 单击"插入版式"按钮 ❶ 选择"幻灯片母版"选项卡，❷ 在"编辑母版"组中单击"插入版式"按钮。

STEP 03 插入竖排文本框占位符 弹出新幻灯片母版，❶ 删除标题样式文本框，❷ 在"母版版式"组中单击"插入占位符"下拉按钮，❸ 选择"文字（竖排）"选项。

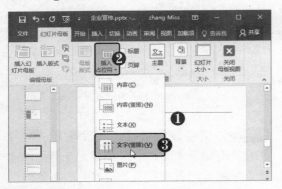

STEP 04 绘制文本框 在幻灯片的右侧拖动鼠标绘制文本框。

STEP 05 设置字体格式 ❶ 选择文本框，❷ 选择"开始"选项卡，❸ 在"字体"组中设置"字体"为"隶书"、"字号"为20。

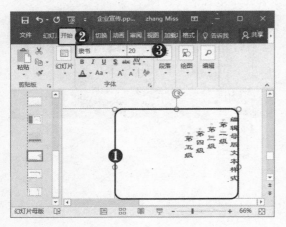

STEP 06 插入图片占位符 ❶ 选择"幻灯片母版"选项卡，❷ 在"母版版式"组中单击"插入占位符"下拉按钮，❸ 选择"图片"选项。

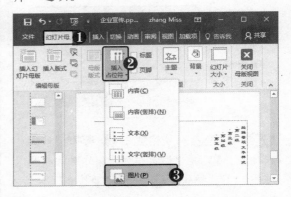

STEP 07 设置形状格式 ❶ 选择图片占位符形状，❷ 选择"格式"选项卡，❸ 在"形状样式"组中单击"形状填充"下拉按钮，❹ 选择"酸橙色"色块。

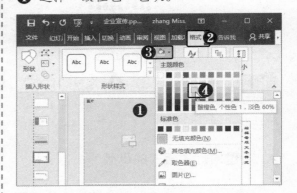

STEP 08 关闭母版视图 ❶ 选择"幻灯片母版"选项卡，❷ 在"关闭"组中单击"关闭母版视图"按钮。

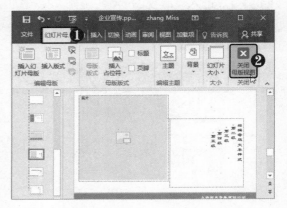

4．应用自定义版式

在母版视图中自定义幻灯片版式的应用方法与演示文稿自带的版式相同，只需选择相应的幻灯片，然后更改它的版式即可，也可在新建幻灯片时选择自定义的版式，具体操作方法如下。

STEP 01 更改幻灯片版式 ❶ 选择幻灯片7，❷ 在"开始"选项卡下"幻灯片"组中单击"幻灯片版式"下拉按钮，❸ 选择"自定义版式"选项。

STEP 02 查看应用自定义版式效果 此时即可将版式更改为"自定义版式"。

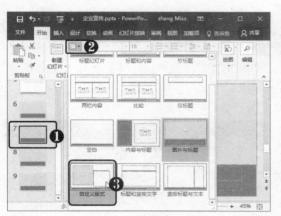

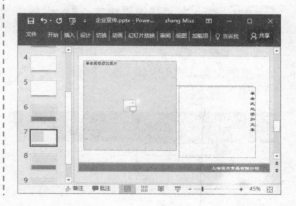

10.2.3　编辑幻灯片封面

在演示文稿中，通常要将第1张幻灯片作为整个演示文稿的封面，演示文稿的封面要简洁大方，有时仅需要输入公司名称与宣传标语等关键信息即可，具体操作方法如下。

STEP 01 输入标题 ❶ 选择幻灯片1，❷ 在主标题文本框内输入演示文稿的标题"圆月食品的生存之道——做良心食品"。

STEP 02 输入副标题 在副标题文本框内输入公司名称"上海圆月食品有限公司"。

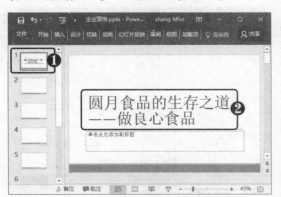

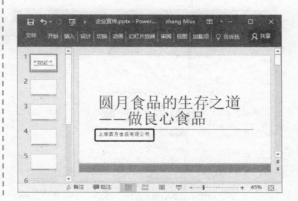

10.2.4　编辑幻灯片正文

演示文稿的正文部分是演示文稿的中心，正文部分不仅要求表述的内容要全面，还要保持幻灯片简洁、明了。下面通过为演示文稿填充正文内容为例，介绍如何编辑演示文稿正文。

1. 文字与段落的编辑

幻灯片中最常用到的还是文字与段落的编辑操作，如设置字体格式、段落间距，添加项目符号等，具体操作方法如下。

STEP 01 输入文字并设置格式　❶ 选择幻灯片2，❷ 在文本框内输入内容，❸ 选择正文文本框，❹ 在"开始"选项卡下"字体"组中设置正文"字体"为"宋体（正文）"、"字号"为24。

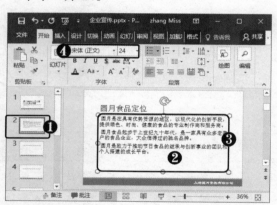

STEP 02 添加项目符号　❶ 选择正文文本框，❷ 在"开始"选项卡下"段落"组中单击"项目符号"下拉按钮，❸ 选择"带填充效果的钻石型项目符号"。

STEP 03 设置行距　❶ 选择正文文本框，❷ 在"开始"选项卡下"段落"组中单击"行距"下拉按钮，❸ 选择1.5选项。

STEP 04 填充幻灯片3的内容　❶ 选择幻灯片3，❷ 在文本框中输入文字，❸ 将正文文本设置为幻灯片2所设置的格式。

2. 插入 SmartArt 图形

SmartArt 图形除了可以通过前面介绍的"插入"选项卡插入外，还可以通过幻灯片中的插入 SmartArt 图形按钮进行插入，具体操作方法如下。

STEP 01 插入 SmartArt 图形 ❶ 选择幻灯片 4，❷ 在标题文本框中输入内容"圆月食品的发展过程"，❸ 在幻灯片中单击"插入 SmartArt 图形"按钮。

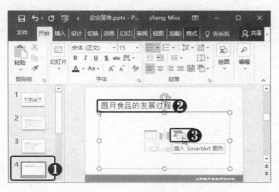

STEP 02 选择图形样式 弹出"选择 SmartArt 图形"对话框，❶ 在左侧列表框中选择"流程"选项，❷ 在中间列表框中选择"重点流程"选项，❸ 单击"确定"按钮。

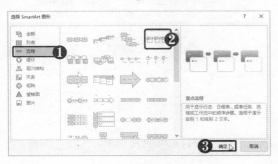

STEP 03 输入文字 在插入的 SmartArt 图形中输入相应的文字。

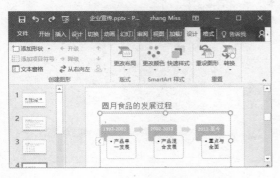

STEP 04 插入 SmartArt 图形 ❶ 选择幻灯片 5，❷ 在标题文本框中输入内容"企业理念形成"，❸ 在幻灯片中单击"插入 SmartArt 图形"按钮。

STEP 05 选择图形样式 弹出"选择 SmartArt 图形"对话框，❶ 在左侧列表框中选择"列表"选项，❷ 在中间列表框中选择"水平项目符号列表"选项，❸ 单击"确定"按钮。

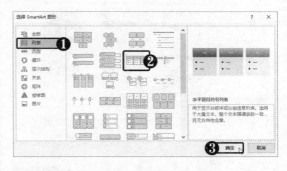

STEP 06 输入文字 在插入的 SmartArt 图形中输入相应的文字。

3. 编辑含有图片与文字的幻灯片

利用幻灯片中的"图片"按钮可以插入一张图片，也可以插入多张图片。在"图片与标题"版式幻灯片中插入多张图片后，需要对图片进行调整与排列，具体操作方法如下。

STEP 01 插入图片 ❶ 选择幻灯片 6，❷ 在自定义版式的幻灯片中单击"图片"按钮。

STEP 02 选择多张图片 弹出"插入图片"对话框，❶ 选择多张图片，❷ 单击"插入"按钮。

STEP 03 编辑图片 ❶ 调整图片的大小，并对其进行排列，❷ 在标题文本框内输入相应的文字内容。

STEP 04 插入图片 ❶ 选择幻灯片 7，❷ 在竖排文本框中输入相应的文字，❸ 单击"图片"按钮。

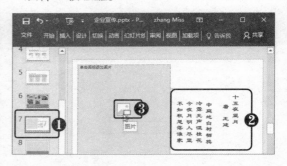

STEP 05 选择图片 弹出"插入图片"对话框，❶ 选择所需的图片，❷ 单击"插入"按钮。

STEP 06 查看插入图片效果 此时即可将图片插入到幻灯片中。

10.2.5 编辑幻灯片结尾

演示文稿的最后一张一般作为整个文稿的结尾，通常是关于"感谢观赏"等内容，具体操作方法如下。

STEP 01 插入图片 ❶ 选择幻灯片8，❷ 在自定义版式的幻灯片中单击"图片"按钮。

STEP 02 选择图片 弹出"插入图片"对话框，❶ 选择所需的图片，❷ 单击"插入"按钮。

STEP 03 输入文字 ❶ 在标题文本框内输入文字"谢谢观赏！"，❷ 在"开始"选

项卡下"字体"组中设置"字体"为"华文行楷"、"字号"为40。

STEP 04 保存文件 ❶ 在视图栏中单击"幻灯片浏览"按钮，查看幻灯片效果，❷ 在快速启动栏中单击"保存"按钮，保存文件。

Chapter

11

PPT 动态演示文稿的制作

前面介绍了静态演示文稿的制作过程，为了使演示文稿在观赏的过程中更加具有吸引力，可以为幻灯片添加动画或多媒体文件。本章将介绍为演示文稿插入超链接、动作、音频、视频的方法，以及幻灯片动画的添加与编辑技巧。

为职场礼仪培训课件插入图片

预览年终总结演示文稿动画效果

11.1 制作职场礼仪培训课件

11.2 制作年终总结演示文稿

11.1 制作职场礼仪培训课件

职场礼仪是指人们在职业场所中应当遵循的一系列礼仪规范。学会这些礼仪规范，将使一个人的职业形象大为提高，因此职场礼仪的培训是新员工入职的首要工作。本例中将以制作职场礼仪培训课件为例，详细介绍如何在幻灯片中插入超链接动作和多媒体文件。

11.1.1 为幻灯片插入超链接

幻灯片中插入的超链接分为两类，一类是演示文稿自身幻灯片之间的链接，另一类是将外部文件内容链接到幻灯片中。

1．插入内部超链接

内部超链接指的是演示文稿内幻灯片之间的链接。例如，本例中将为目录标题添加超链接，链接的目标是该演示文稿中对应的幻灯片，具体操作方法如下。

STEP 01 打开超链接 打开素材文件"职场礼仪培训.pptx"，❶ 选择幻灯片2，❷ 选择"什么是礼仪？"文字，❸ 选择"插入"选项卡，❹ 在"链接"组中单击"超链接"按钮。

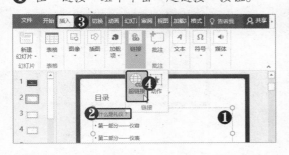

STEP 02 插入超链接 弹出"插入超链接"对话框，❶ 在"链接到"列表中选择"本文档中的位置"选项，❷ 在"请选择文档中的位置"列表框中选择"3.什么是礼仪？"选项，❸ 单击"确定"按钮。

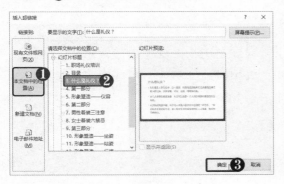

STEP 03 查看设置效果 此时即可完成为文本插入超链接的操作，文本颜色发生改变，且会添加下划线。

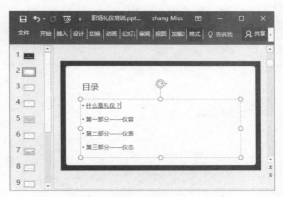

STEP 04 测试效果 按【F5】键放映该演示文稿，将鼠标指针放置在链接文本上，指针就会变成手指形状，单击该文本将跳转到相应的幻灯片。

STEP 05 单击"超链接"按钮 ❶ 选择幻灯片 2 中的"第一部分——仪容"文字，❷ 选择"插入"选项卡，❸ 在"链接"组中单击"超链接"按钮。

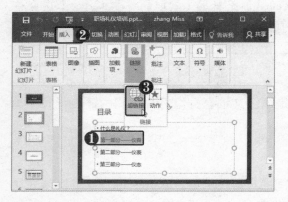

STEP 06 插入超链接 弹出"插入超链接"对话框，❶ 在"链接到"列表中选择"本文档中的位置"选项，❷ 在"请选择文档中的位置"列表框中选择"4．第一部分"选项，❸ 单击"确定"按钮。

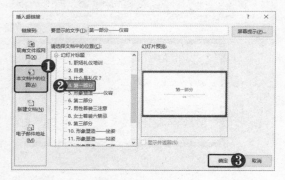

STEP 07 完成添加链接操作 此时即可完成为"第一部分——仪容"文字添加链接的操作。

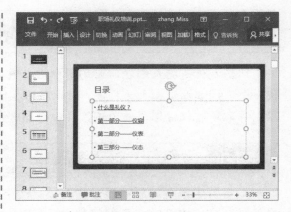

STEP 08 设置其他文字链接 按照上述方法将"第二部分——仪表"文字链接到幻灯片 6，将"第三部分——仪态"链接到幻灯片 9。

高手点拨

选择需要取消链接的文本并右击，在弹出的快捷菜单中选择"取消超链接"命令，即可取消该超链接。

2．插入外部超链接

演示文稿中的幻灯片还可以链接到其他文件或网页中，但需要保持链接的通畅。在链接文件时，需要将文件与演示文稿放在一起，且相对地址不变；链接到网页时，需要保持网络的畅通。插入外部超链接的具体操作方法如下。

STEP 01 单击"超链接"按钮 ❶ 选择幻灯片 13，❷ 选择"礼仪常识资料"文字，❸ 选择"插入"选项卡，❹ 在"链接"组中单击"超链接"按钮。

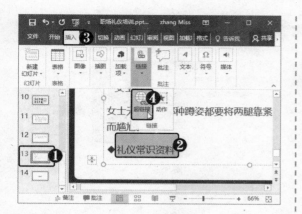

文本插入超链接的操作，文本颜色发生改变，且会添加下划线。

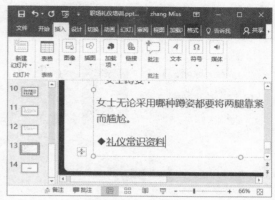

STEP 02 插入超链接 弹出"插入超链接"对话框，❶ 在"链接到"列表中选择"现有文件或网页"选项，❷ 在"查找范围"列表中选择"礼仪常识.docx"文件，❸ 单击"确定"按钮。

STEP 04 测试效果 按【F5】键放映该演示文稿，将光标放置在链接文本上，光标将变成手指形状，且显示链接文件的存放地址，单击该链接将打开"礼仪常识.docx"文件。

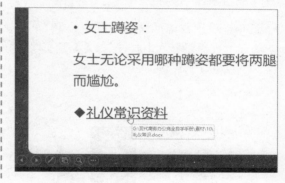

STEP 03 查看设置效果 此时即可完成为

3. 设置超链接的显示

为文本插入超链接后，文本的颜色会发生改变，可以通过"自定义颜色"命令进行自定义，具体操作方法如下。

STEP 01 单击"其他"按钮 ❶ 选择"设计"选项卡，❷ 在"变体"组中单击"其他"按钮。

STEP 02 选择"自定义颜色"选项 在展开的列表中，❶ 选择"颜色"选项，❷ 选择"自定义颜色"选项。

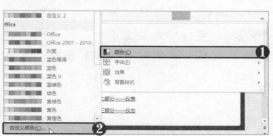

STEP 03 设置超链接颜色 弹出"新建主题颜色"对话框，❶ 单击"超链接"下拉按钮，❷ 选择"深红，个性色3"色块。

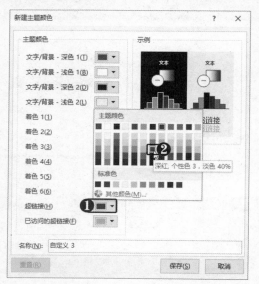

STEP 04 设置已访问超链接颜色 ❶ 单击"已访问的超链接"下拉按钮，❷ 选择"褐色，个性色1"色块。

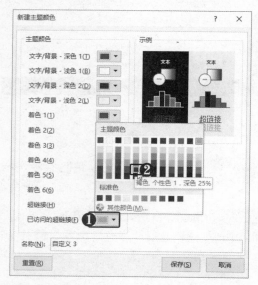

STEP 05 完成颜色设置 在示例区域中可查看已设置完成的超链接颜色效果，单击"保存"按钮，完成颜色设置。

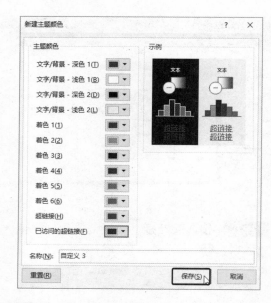

STEP 06 查看设置效果 返回幻灯片，此时幻灯片中超链接文字的颜色已发生变化。

STEP 07 测试效果 按【F5】键放映演示文稿，在幻灯片中单击超链接后返回该幻灯片，即可看到超链接文字的颜色已经发生变化。

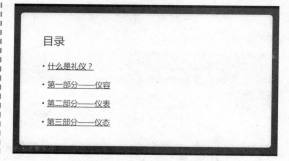

11.1.2 插入动作

　　动作就是为所选对象提供当单击鼠标或鼠标悬停时要执行的操作。例如，本例中将为插入的图片添加动作，该动作是为当鼠标单击该图片对象时跳转到链接的目标幻灯片，具体操作方法如下。

STEP 01 **单击"图片"按钮** ❶ 选择幻灯片 14，❷ 选择"插入"选项卡，❸ 在"图像"组中单击"图片"按钮。

STEP 02 **插入图片** 弹出"插入图片"对话框，❶ 选择要插入的图片，❷ 单击"插入"按钮。

STEP 03 **设置透明色** 此时即可将图片插入到幻灯片中，❶ 选择"格式"选项卡，❷ 在"调整"组中单击"颜色"下拉按钮，❸ 选择"设置透明色"选项。

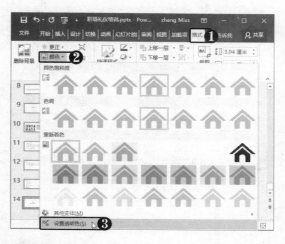

STEP 04 **单击图片** 当鼠标指针变为 形状时，在图片上单击鼠标左键。

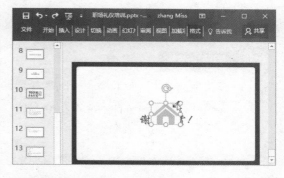

STEP 05 **查看图片效果** 此时即可将图片的背景设置为透明色。

STEP 06 设置图片颜色　保持图片的选中状态，❶在"格式"选项卡下"调整"组中单击"颜色"下拉按钮，❷选择"褐色"选项。

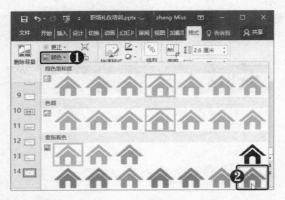

STEP 07 调整图片　调整图片大小和位置。

高手点拨

在实际应用中，如果插入的图片不需要设置格式，则可以省略上述图片格式的设置操作，如设置透明色和图片颜色等。

STEP 08 单击"动作"按钮　❶选择图片，❷选择"插入"选项卡，❸在"链接"组中单击"动作"按钮。

STEP 09 设置动作操作　弹出"操作设置"对话框，❶选中"超链接到"单选按钮，❷在"超链接到"下拉列表框中选择"第一张幻灯片"选项，❸单击"确定"按钮。

STEP 10 查看设置效果　插入动作后的图片并没有向插入超链接后的文字那样发生改变。

STEP 11 测试效果　按【F5】键放映演示文稿，切换到最后一页幻灯片后，将鼠标指针移到右下角的"返回首页"图片上时指针呈手指形状，单击该图片即可返回首页。

11.1.3 为幻灯片插入多媒体文件

演示文稿的幻灯片除了可以通过插入超链接来使用外部文件外，还可将需要的多媒体文件插入到幻灯片中。多媒体文件包括音频文件和视频文件，插入的多媒体文件还可以对其进行编辑，下面将介绍如何在幻灯片中插入与编辑多媒体文件。

1. 插入音频

当演示文稿的目的仅仅是为了宣传或展示，并且播放方式设为自动播放，这时为演示文稿插入背景音乐会大大增加它的吸引力。插入的音频文件可以是来自于 PC 端，也可以录制音频。下面以插入 PC 端音频文件为例进行介绍，具体操作方法如下。

STEP 01 插入 PC 上的音频 ❶ 选择幻灯片 1，❷ 选择"插入"选项卡，❸ 在"媒体"组中单击"音频"下拉按钮，❹ 选择"PC 上的音频"选项。

STEP 02 选择音频文件 弹出"插入音频"对话框，❶ 选择需要的音频文件，❷ 单击"插入"按钮。

STEP 03 查看插入效果 此时即可将音频文件插入到幻灯片中，并在幻灯片中显示音频播放器。

STEP 04 单击"播放"按钮 单击音频播放器的"播放"按钮，开始播放音频文件。

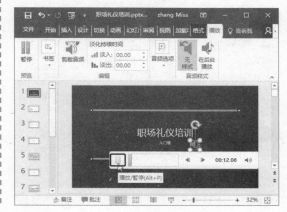

2. 音频文件的编辑

插入的音频文件还可以进行编辑，如进行音频的剪裁、音频的开始播放时间、声音大小等选项的设置。例如，本例中需要为插入的音频文件剪掉多余的前奏，并设置为自动循环播放，并为音频设定合适的音量，具体操作方法如下。

STEP 01 单击"剪裁音频"按钮 ❶ 选择音频播放器，❷ 选择"播放"选项卡，❸ 在"编辑"组中单击"剪裁音频"按钮。

STEP 02 剪裁音频 在弹出的"剪裁音频"对话框中拖动进度条上前面的滑块至满意位置，松开鼠标即可对当前音频进行剪辑。

STEP 03 试听音频 剪辑音频后，可单击"播放"按钮进行试听，如果不满意可以继续进行修改。

STEP 04 确定剪裁操作 在"剪裁音频"对话框中单击"确定"按钮，即可完成音频的剪裁。

STEP 05 设置播放的开始时间 ❶ 选择音频播放器，❷ 选择"播放"选项卡，❸ 在"音频选项"组中单击"开始"下拉按钮，❹ 选择"自动"选项。

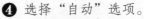
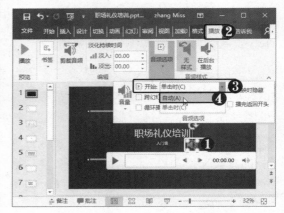

STEP 06 设置播放方式 在"音频选项"组中选择"跨幻灯片播放"、"循环播放，直到停止"与"放映时隐藏"复选框。

STEP 07 设置音频音量 ❶ 在"音频选项"组中单击"音量"下拉按钮，❷ 选择"中"选项。

3. 插入视频

视频文件的插入操作与音频类似，下面仍以插入 PC 上的视频文件为例进行介绍，具体操作方法如下。

STEP 01 新建幻灯片 ❶ 选择幻灯片 3，❷ 在"开始"选项卡下"幻灯片"组中单击"新建幻灯片"下拉按钮，❸ 选择"标题和内容"选项。

STEP 02 插入视频文件 ❶ 选择新建的幻灯片 4，❷ 选择"插入"选项卡，❸ 在"媒体"组中单击"视频"下拉按钮，❹ 选择"PC 上的视频"选项。

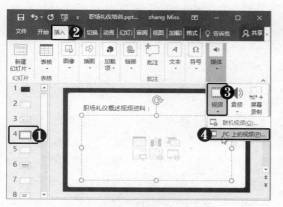

STEP 03 选择视频文件 弹出"插入视频文件"对话框，❶ 选择要插入的视频文件，❷ 单击"插入"按钮。

STEP 04 查看插入视频效果 此时即可将视频文件插入到幻灯片中，并在幻灯片中显示视频播放器。单击"播放"按钮，即可播放视频文件。

4. 视频文件的编辑

视频文件的剪裁操作与音频文件相似，但视频选项设置与音频选项有所区别，增加了全屏播放功能。另外，还可以对视频播放器的样式及颜色等格式进行设置，具体操作方法如下。

STEP 01 单击"剪裁视频"按钮 ❶ 选择视频播放器，❷ 选择"播放"选项卡，❸ 在 "编辑"组中单击"剪裁视频"按钮。

STEP 02 **剪裁视频** 弹出"剪裁视频"对话框，拖动进度条上后面的滑块至满意位置，松开鼠标即可对当前视频进行剪辑。

STEP 03 **查看视频剪辑效果** 剪辑视频后，可单击"播放"按钮进行播放，查看播放效果。

STEP 04 **确定剪裁操作** 在"剪裁视频"对话框中单击"确定"按钮，即可完成视频的剪裁。

STEP 05 **设置视频选项** ❶ 选择视频播放器，❷ 选择"播放"选项卡，❸ 在"视频选项"组中选中"全屏播放"复选框。

STEP 06 **设置视频样式** 选择视频播放器，❶ 选择"格式"选项卡，❷ 在"视频样式"组中单击"视频样式"下拉按钮，❸ 选择"旋转，白色"选项。

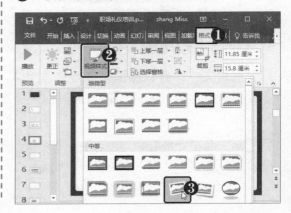

STEP 07 　设置视频框颜色　❶ 选择视频播放器，❷ 在"格式"选项卡下"视频样式"组中单击"主题颜色"下拉按钮 ，❸ 选择"褐色，个性色 2"色块。

STEP 08 　完成格式设置　此时即可完成视频播放器的格式设置。

11.2　制作年终总结演示文稿

　　年终总结是员工对一年来的工作进行回顾，从中找出存在的问题并做出解决方案，制作出新年计划等，以指导今后工作和实践活动的一种应用文体。本例中的年终总结内容包括工作回顾、短板分析、改进措施和新年计划，以制作年终总结文稿为例，介绍幻灯片动画的应用。幻灯片动画分为幻灯片切换动画和幻灯片对象动画，下面对这两种动画进行详细介绍，并介绍动画的计时和效果选项的设置方法。

11.2.1　设置幻灯片的切换动画

　　幻灯片的切换动画指的是从一张幻灯片到另一张幻灯片的切换效果，大致分为细微型、华丽型和动态内容三类。幻灯片的切换效果中除了切换动画，还可为幻灯片切换添加声音效果，并设置切换计时等。

1．幻灯片的切换动画

　　幻灯片切换动画为幻灯片整体的一种切换效果，可以为演示文稿中所有幻灯片应用相同的幻灯片切换动画及音效，也可为个别幻灯片单独设置切换动画。下面首先为整体幻灯片设置统一的切换动画，然后对个别的幻灯片进行单独设置，具体操作方法如下。

STEP 01 　添加擦除动画　❶ 选择幻灯片1，❷ 选择"切换"选项卡，❸ 单击"切　｜　换效果"下拉按钮，❹ 选择"擦除"选项。

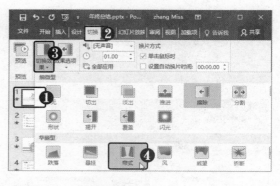

STEP 02 预览动画 此时幻灯片 1 已添加上动画，在幻灯片标号下方会出现动画标志 ★，单击"预览"按钮，预览动画效果。

STEP 05 预览动画效果 此时幻灯片 1 已更改动画为"帘式"，单击"预览"按钮，预览动画效果。

STEP 03 全部应用 在"计时"组中单击"全部应用"按钮，即可将该切换效果应用到所有幻灯片中，幻灯片列表框中所有幻灯片标号下方均出现动画标志 ★。

高手点拨

因为幻灯片 1 前面不再有幻灯片，所以切换效果的形状显示为黑色，正常情况的动画效果形状是由上一张幻灯片构成。

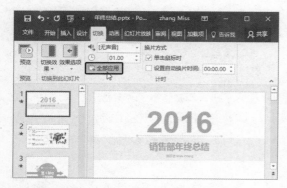

STEP 06 更改其他幻灯片切换效果 ❶ 选择"第一部分"幻灯片3，❷ 选择"切换"选项卡，❸ 单击"切换效果"下拉按钮，❹ 选择"页面卷曲"选项。

STEP 04 更改切换效果 ❶ 选择幻灯片1，❷ 选择"切换"选项卡，❸ 单击"切换效果"下拉按钮，❹ 选择"帘式"选项。

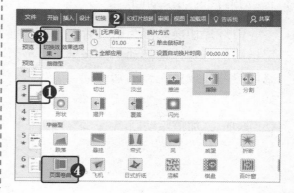

STEP 07 预览动画效果 此时幻灯片 3 已更改动画为"页面卷曲",单击"预览"按钮,预览动画效果。

STEP 08 更改切换效果 将其余部分的副标题页幻灯片同样设置为"页面卷曲"切换效果。

2. 设置效果选项

在上面设置的切换效果中,除了首张幻灯片和副标题页幻灯片外,其余幻灯片的切换效果均相同。为了使切换效果更加丰富,可以在不更改切换效果的情况下设置其效果选项,具体操作方法如下。

STEP 01 选择"自顶部"选项 ❶ 选择幻灯片 5, ❷ 选择"切换"选项卡, ❸ 单击"效果选项"下拉按钮, ❹ 选择"自顶部"选项。

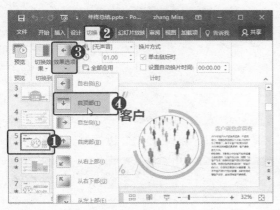

STEP 02 预览切换效果 单击"预览"按钮,查看切换效果。

STEP 03 选择"自左下部"选项 ❶ 选择幻灯片 6, ❷ 选择"切换"选项卡, ❸ 单击"效果选项"下拉按钮, ❹ 选择"自左下部"选项。

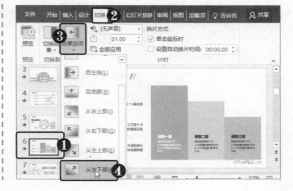

STEP 04 预览切换效果 单击"预览"按钮，即可查看切换效果。

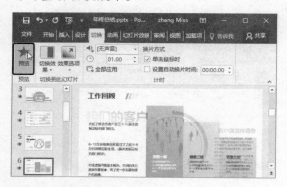

高手点拨

　　不同的切换效果其效果选项也不同，例如，上例中"擦除"动画的效果选项包括"自顶部"、"自左侧"、"自底部"等不同的方向效果。而"页面卷曲"动画的效果选项则包括"双左"、"双右"、"单左"和"单右"。

3. 幻灯片的切换声音

　　PowerPoint 为幻灯片的切换预设了多种声音，也可以引用外部的声音选项。在"全部应用"功能中，幻灯片的切换声音与切换效果会保持同步，不能单独"全部应用"声音。因前面已经为幻灯片设置好了切换动画，所以下面只为首张幻灯片和副标题页幻灯片添加切换声音，具体操作方法如下。

STEP 01 添加"鼓掌"声音 ❶ 选择幻灯片1，❷ 选择"切换"选项卡，❸ 在"计时"组中单击"声音"下拉按钮，❹ 选择"鼓掌"选项。

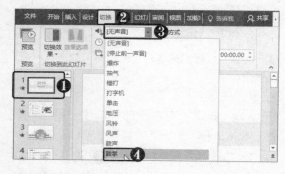

STEP 02 添加"推动"声音 ❶ 选择幻灯片3，❷ 选择"切换"选项卡，❸ 在"计时"组中单击"声音"下拉按钮，❹ 选择"推动"选项。

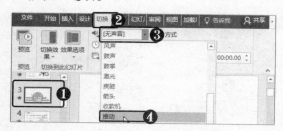

STEP 03 为其他副标题页幻灯片添加声音 为其他副标题页幻灯片添加上"推动"声音。

STEP 04 设置切换计时 在"计时"组中单击调节按钮，增加或减少切换所需的时间。

高手点拨

在实际应用中，可以在设置切换动画的同时设置切换声音，这样就可以使用"全部应用"功能，将设置好的切换效果（动画和声音）应用到全部幻灯片中，然后为有特殊需要的幻灯片更改效果。

11.2.2　为幻灯片对象添加动画

在制作动态演示文稿时，除了设置幻灯片切换动画效果外，还可以为幻灯片中的对象添加不同的动画效果，如对幻灯片中某一重点内容添加强调显示的动画，对普通内容添加逐渐消失的动画等。

1. 为多个对象设置动画效果

下面为目录幻灯片内容设置动画效果，因目录主要用于在开篇时对幻灯片的 4 个部分进行大致介绍，所以可以设置为逐个显示的动画效果。这时就需要为不同部分设置同一动画效果，然后为其他内容逐次设置动画效果，具体操作方法如下。

STEP 01 选择文本框　❶ 选择幻灯片 2，❷ 按【Ctrl】键的同时依次单击标题文本框，使其处于选中状态。

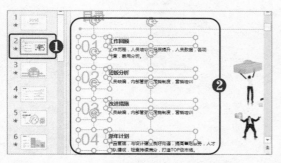

STEP 02 为标题文本框设置动画效果　❶ 选择"动画"选项卡，❷ 在"动画"组的"动画样式"列表中选择"轮子"选项。

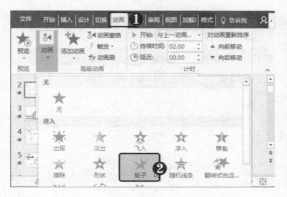

STEP 03 查看设置效果　此时即可为选择的所有文本框添加"轮子"动画，且同一时间显示。选择的文本框左上角均显示播放序号 1。

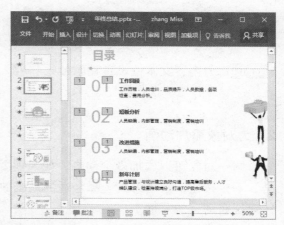

STEP 04 预览动画效果　在"动画"选项卡下"预览"组中单击"预览"按钮，查看动画的播放效果。

 高手点拨

要为幻灯片中的对象应用相同的动画效果，可以使用"动画刷"工具。

STEP 05 **选择文本框** 选择第 2 个要播放动画的文本框。

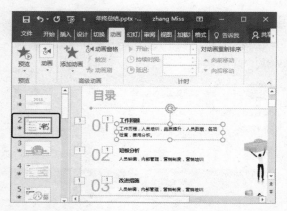

STEP 06 **为内容文本框设置动画效果** ❶ 选择"动画"选项卡，❷ 在"动画"组的

"动画样式"列表中选择"飞入"选项。

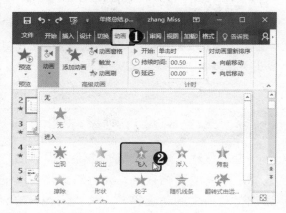

STEP 07 **查看播放顺序** 动画添加完成后，可在该文本框的左上角看到播放序号 2，为其他内容文本框添加动画。

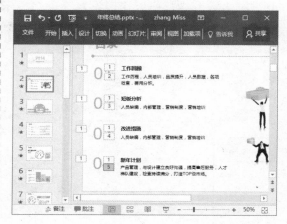

2．为对象添加动画

同一对象可以添加多个动画，如果需要为同一对象添加多个动画，可单击"添加动画"下拉按钮，然后为其选择合适的动画效果。新添加的动画效果会应用到此幻灯片上任何现有动画的后面。

下面为目录幻灯片中的内容文本框添加强调动画，具体操作方法如下。

STEP 01 **选择内容文本框** ❶ 选择幻灯片2，❷ 按住【Ctrl】键的同时依次单击各个内容文本框进行选择。

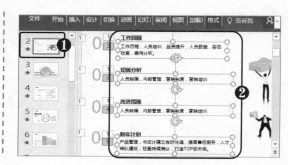

STEP 02 添加动画 ❶ 选择"动画"选项卡，❷ 在"高级动画"组中单击"添加动画"下拉按钮，❸ 选择"字体颜色"选项。

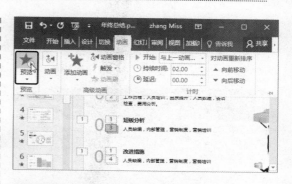

STEP 04 查看动画效果 此时即可看到字体颜色的变化。

STEP 03 单击"预览"按钮 在"动画"选项卡下"预览"组中单击"预览"按钮。

3. 设置效果选项

为内容文本框添加"文字颜色"动画效果后，如果对其颜色不满意，可以通过"效果选项"进行更改。该文本框添加了多种动画效果，若想对其中的"文字颜色"效果选项进行设置，可以通过"动画窗格"选择该动画效果，具体操作方法如下。

STEP 01 打开动画窗格 ❶ 选择幻灯片2，❷ 选择"动画"选项卡，❸ 在"高级动画"组中单击"动画窗格"按钮。

STEP 02 选择要设置的选项 在打开的动画窗格列表框中选择"文字颜色"中的第一个选项，此时幻灯片中该文本框左上角的播放序号会变为红色。

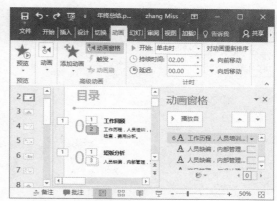

STEP 03 设置文字颜色 ❶ 在"动画"组中单击"效果选项"下拉按钮，❷ 选择"红色"色块。

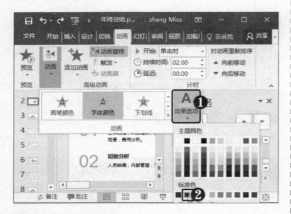

STEP 04 关闭动画窗格 单击动画窗格右上角的"关闭"按钮×，或再次单击"动画窗格"按钮，均可关闭动画窗格。

STEP 05 预览动画效果 在"预览"组中单击"预览"按钮，即可查看"文字颜色"的动画效果。

STEP 06 为其他文本框添加动画 ❶ 单击"动画窗格"按钮，❷ 在动画窗格列表框中选择"文字颜色"的其余3个选项。

STEP 07 设置文字颜色 ❶ 在"动画"组中单击"效果选项"下拉按钮，❷ 选择"红色"色块。

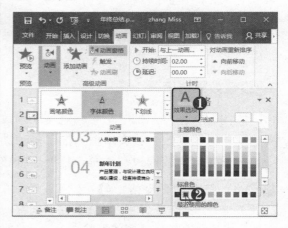

STEP 08 预览效果 在"预览"组中单击"预览"按钮，即可查看"文字颜色"的动画效果。

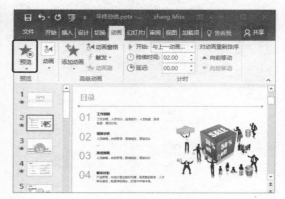

4. 设置母版幻灯片动画

母版幻灯片中的图形也可以设置动画效果，为母版幻灯片设置动画效果后，所有使用该母版的幻灯片均会显示该动画效果。下面就以制作副标题页的母版幻灯片动画为例进行介绍，具体操作方法如下。

STEP 01 打开母版视图 ❶ 选择"视图"选项卡，❷ 在"母版视图"组中单击"幻灯片母版"按钮。

STEP 02 组合形状 ❶ 选择"副标题页"版式母版，❷ 选择母版幻灯片中的所有形状并右击，❸ 选择"组合"命令，❹ 在子菜单中选择"组合"命令。

STEP 03 选择组合形状 ❶ 选择组合好的形状对象，❷ 选择"动画"选项卡。

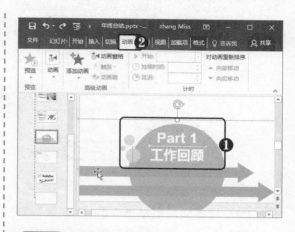

STEP 04 展开动画样式列表 在"动画"组中单击"动画样式"的"其他"按钮，展开动画样式列表。

STEP 05 选择动画样式 在展开的动画样式列表中选择"飞入"选项。

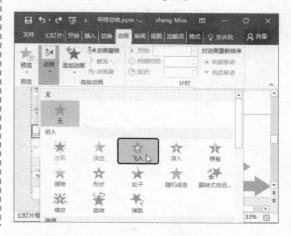

STEP 06 设置效果选项 保持形状的选中状态，❶ 在"动画"组中单击"效果选项"下拉按钮，❷ 选择"自左侧"选项。

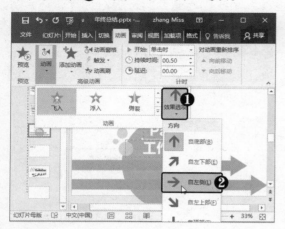

STEP 07 设置文本框动画 ❶ 选择该幻灯片中的所有文本框，❷ 在"动画"组中单击"动画样式"的"其他"按钮。

STEP 08 选择动画选项 在展开的动画样式列表中选择"旋转"选项。

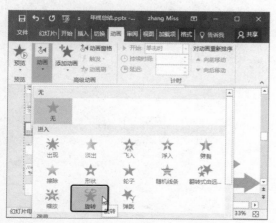

STEP 09 查看形状动画 在"预览"组中单击"预览"按钮，即可看到形状自左侧飞入的效果。

STEP 10 查看文本框动画 在形状自左侧飞入动画显示完毕后，会看到文本框的旋转动画效果。

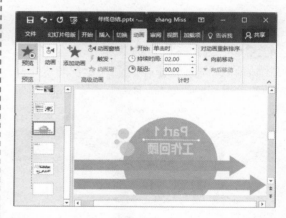

STEP 11 关闭母版视图 ❶ 选择"幻灯片母版"选项卡，❷ 在"关闭"组中单击"关闭母版视图"按钮。

5. 设置动作路径动画

PowerPoint 中预设的动画效果除了常用的"进入"、"强调"和"退出"类型外，还有一种"动作路径"动画类型，下面为"改进措施"中的幻灯片设置动作路径动画效果，具体操作方法如下。

STEP 01 单击"其他"按钮 ❶ 选择幻灯片 14，❷ 选择幻灯片中的圆形形状，❸ 选择"动画"选项卡，❹ 在"动画"组中单击"动画样式"的"其他"按钮。

STEP 02 选择"循环"选项 在展开的动画样式列表中选择"循环"动作路径。

STEP 03 调整路径 此时幻灯片中已添加动作路径，用鼠标拖动路径的控制柄，调整路径为合适大小。

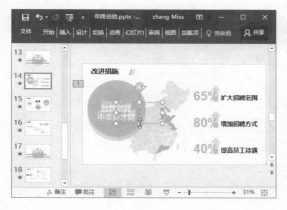

STEP 04 预览动画效果 在"预览"组中单击"预览"按钮，即可查看"循环"动作路径的动画效果。

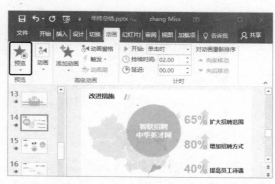

STEP 05 框选文本框 拖动鼠标框选需要设置动画的文本框。

STEP 06 单击"其他"按钮 在"动画"组中单击"动画样式"的"其他"按钮。

STEP 07 选择"飞入"选项 在展开的动画样式列表中选择"飞入"动画。

STEP 08 查看动画 在幻灯片中可以查看已经设置完成的动画，并且可以通过播放序号得知动画播放的先后顺序。

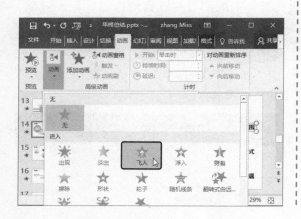

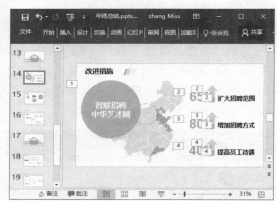

6. 设置更多动画效果

在动画样式列表中列出的只是部分动画效果，PowerPoint 中还有更多分类的预设动画效果可以使用。下面以为"工作回顾"幻灯片设置"更多动画效果"为例进行介绍，具体操作方法如下。

STEP 01 选择图片 ❶ 选择幻灯片 5，❷ 选择幻灯片中的图片，❸ 选择"动画"选项卡，❹ 在"动画"组中单击"动画样式"的"其他"按钮。

STEP 02 选择"更多强调效果"选项 在展开的动画样式列表中选择"更多强调效果"选项。

STEP 03 选择强调效果 弹出"更改强调效果"对话框，❶ 在"华丽型"列表中选择"闪烁"选项，❷ 单击"确定"按钮。

STEP 04 选择文本框 ❶ 选择图片左侧的文本框，❷ 在"动画"组中单击"动画样式"的"其他"按钮。

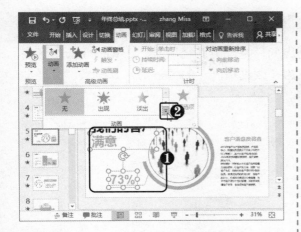

STEP 05 **选择"更多进入效果"选项** 在展开的动画样式列表中选择"更多进入效果"选项。

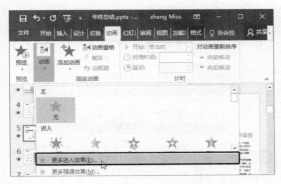

STEP 06 **选择进入效果** 弹出"更改进入效果"对话框，❶在"华丽型"列表中选择"空翻"选项，❷单击"确定"按钮。

STEP 07 **选择"出现"选项** ❶选择图片右侧的文本框，❷在"动画"组的"动画样式"列表中选择"出现"选项。

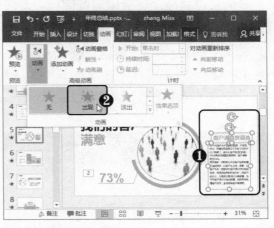

STEP 08 **查看动画** 从幻灯片中可以查看已经设置完成的动画，并且可以通过播放序号得知动画播放的先后顺序。

高手点拨

　　可以为幻灯片对象单独使用任何一种动画，也可以将多个效果组合在一起。例如，可以对一行文本应用"飞入"进入效果和"放大/缩小"强调效果，使它在飞入的同时逐渐放大。对幻灯片中的多个对象添加动画后，各个动画能否按照正确的顺序进行播放是幻灯片是否具有可视性的关键。

7. 设置其他动作路径

同动画效果一样，在动画样式列表中列出的只是部分路径效果，PowerPoint 中还有更多的预设路径动画效果可以使用。下面以为"改进措施"的另一幻灯片设置"其他动作路径"为例进行介绍，具体操作方法如下。

STEP 01 单击"其他"按钮 ❶ 选择幻灯片 15，❷ 选择幻灯片中间的圆形形状，❸ 在"动画"组中单击"动画样式"的"其他"按钮 ⯆。

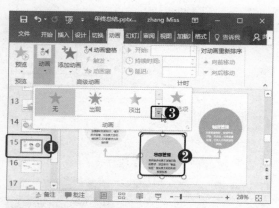

STEP 02 选择"其他动作路径"选项 在展开的动画样式列表中选择"其他动作路径"选项。

STEP 03 选择动作路径 弹出"更改动作路

径"对话框，❶ 在"基本"列表中选择"梯形"选项，❷ 单击"确定"按钮。

STEP 04 查看路径 此时幻灯片中已显示形状的动作路径。

8. 设置动画计时

动画的持续时间可以根据需要进行设置，如果幻灯片中的动画较多，可将动画播放时间缩短，相反也可以将时间延长。本例中需要将动画播放时间延长，具体操作方法如下。

STEP 01 选择形状 ❶ 选择幻灯片 10，❷ 选择幻灯片中所有的圆形形状。

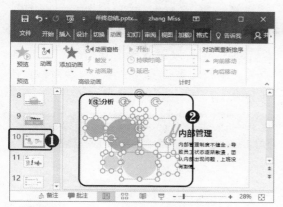

STEP 02 单击"其他"按钮 ❶ 选择"动画"选项卡，❷ 在"动画"组中单击"动画样式"的"其他"按钮。

STEP 03 选择"更多进入效果"选项 在展开的动画样式列表中选择"更多进入效果"选项。

STEP 04 选择进入效果 弹出"更改进入效果"对话框，❶ 在"华丽型"列表中选择"螺旋飞入"选项，❷ 单击"确定"按钮。

STEP 05 设置持续时间 在"动画"选项卡的"计时"组中单击"持续时间"右侧的微调按钮，将"持续时间"更改为"03:00"，即 3 秒。

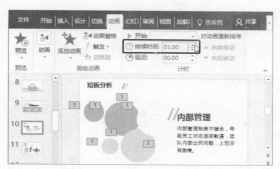

STEP 06 预览动画效果 在"动画"选项卡下"预览"组中单击"预览"按钮，即可看到设置好的动画播放效果，时间有所延长。

9. 设置动画顺序

在对象较多的幻灯片中，如果逐个进行动画设置，操作烦琐且耗费时间，可以同时为所有对象设置动画效果，然后修改动画的播放顺序，具体操作方法如下。

STEP 01 框选文本框 ❶ 选择幻灯片 16，❷ 使用鼠标框选幻灯片中的文本框。

STEP 02 单击"其他"按钮 ❶ 选择"动画"选项卡，❷ 在"动画"组中单击"动画样式"的"其他"按钮。

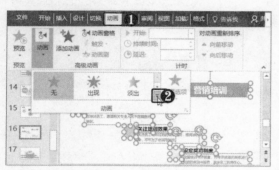

STEP 03 选择"浮入"选项 在展开的动画样式列表中选择"浮入"动画。

STEP 04 查看设置效果 此时幻灯片中选中的文本框均被设置为"浮入"动画，且顺序均为 1。

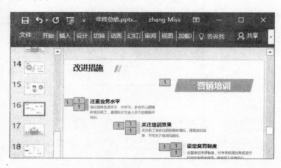

STEP 05 打开动画窗格 ❶ 选择"动画"选项卡，❷ 在"高级动画"组中单击"动画窗格"按钮。

STEP 06 选择"单击开始"选项 在打开的动画窗格中，❶ 按住【Shift】键选择除第一项外的其他选项，❷ 单击"设置"下拉按钮，❸ 选择"单击开始"选项。

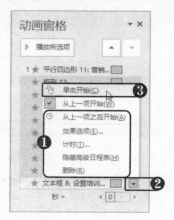

STEP 07 **查看设置效果** 此时所有对象的动画都是由单击鼠标触发，且按排列的前后顺序进行排序。

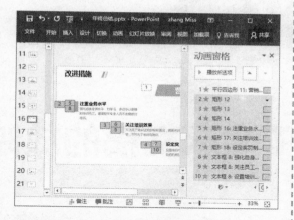

STEP 08 **设置动画顺序** ❶ 选择动画序号为 5 的"矩形 16"选项，❷ 拖动该项到动画序号为 2 的"矩形 12"选项下方。

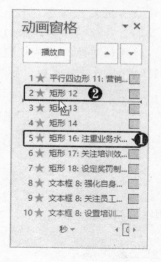

STEP 09 **设置其他项顺序** 将"矩形 17"选项拖至"矩形 13"选项下方，此时可从幻灯片中查看动画的播放顺序。

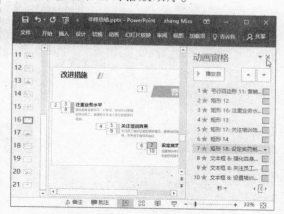

STEP 10 **预览动画效果** 在"预览"组中单击"预览"按钮，即可查看动画的播放顺序。单击快速启动栏中的"保存"按钮，保存文件。

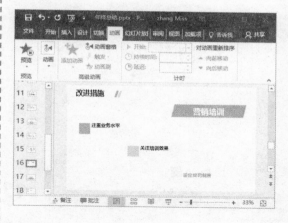

Chapter

12

PPT 演示文稿的放映

制作演示文稿的最终目的是为了通过放映幻灯片向观众传达某种信息。本章将详细介绍如何设置幻灯片放映，如放映幻灯片时的操作技巧、隐藏幻灯片、放映指定的幻灯片，以及设置幻灯片放映方式等。

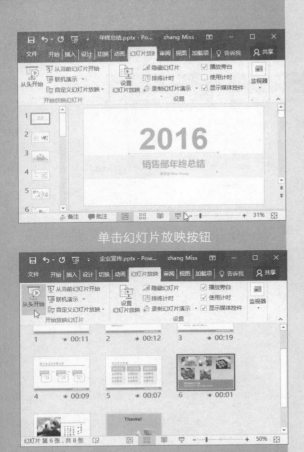

单击幻灯片放映按钮

开始放映幻灯片

12.1 放映年终总结演讲稿

12.2 放映企业宣传演示文稿

12.1 放映年终总结演讲稿

在实际幻灯片放映过程中，演讲者可能会对放映方式有不同的需求（如循环放映、按照排练计时自动放映），这时就需要对幻灯片的放映类型进行设置。幻灯片在放映的过程中还可以使用"笔"、"放大"及"缩小"等工具。

12.1.1 演讲者放映类型

幻灯片的放映类型包括演讲者放映、观众自行浏览以及展台浏览 3 种类型。下面以演讲者放映类型设置年终总结演讲稿为例进行介绍，具体操作方法如下。

STEP 01 单击"设置幻灯片放映"按钮 打开素材文件"年终总结.pptx"，❶ 选择"幻灯片放映"选项卡，❷ 在"设置"组中单击"设置幻灯片放映"按钮。

STEP 02 设置放映方式 弹出"设置放映方式"对话框，❶ 在"放映类型"选项区中选中"演讲者放映（全屏幕）"单选按钮，❷ 在"换片方式"选项区中选中"手动"单选按钮，❸ 单击"确定"按钮。

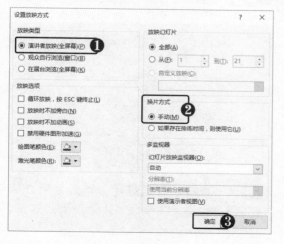

STEP 03 单击"从头开始"按钮 在"幻灯片放映"选项卡下"开始放映幻灯片"组中单击"从头开始"按钮。

STEP 04 查看放映效果 此时将从第一张开始全屏放映幻灯片。

高手点拨

"在展台浏览"是一种自动播放的全屏幕循环放映方式，在放映结束 5 分钟内，如果用户没有指令则重新放映。在这种放映方式下，大多数的控制命令都不可用，且只有按【Esc】键才能结束放映。有两种类型的自定义放映，即基本和超链接。基本自定义放映是单独的演示文稿，或包括一些原始幻灯片的演示文稿。超链接的自定义放映是一种导航到一个或多个单独演示文稿的快捷方式。

12.1.2 幻灯片放映过程的操作

在放映幻灯片的过程中，可以使用"笔"工具进行注释标记，使用"放大"和"缩小"工具查看幻灯片。下面将介绍如何对幻灯片进行放映，以及在放映过程中的一些操作技巧，具体操作方法如下。

STEP 01 单击"幻灯片放映"按钮 要从头放映幻灯片，可按【F5】键；要放映当前幻灯片，可按【Shift+F5】组合键，或单击状态栏中的"幻灯片放映"按钮。

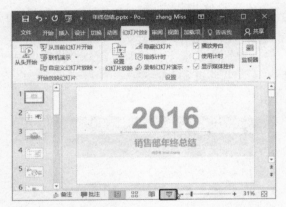

STEP 02 选择"笔"选项 此时即可进入全屏模式的幻灯片放映视图，❶ 单击幻灯片左下方的"笔"按钮❷，❷ 在弹出的列表中选择"笔"选项。

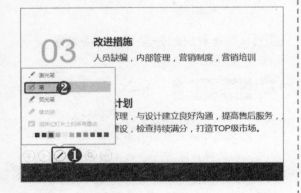

STEP 03 使用笔工具绘制 当鼠标指针呈红色圆点形状时按住鼠标左键不放，拖动鼠标进行绘制。

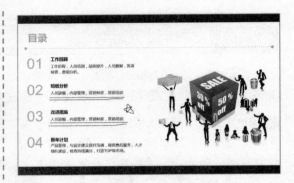

STEP 04 设置笔颜色 笔的颜色默认是红色，可更改为其他颜色，❶ 单击幻灯片左下方的"笔"按钮，❷ 在弹出的列表中选择合适的颜色。

STEP 05 选择是否保存墨迹注释 当退出幻灯片放映时，系统会弹出提示信息框，询问是否保留墨迹注释，可以根据需要进行选择。

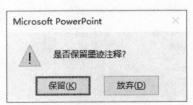

STEP 06 查看所有幻灯片 单击左下方的按钮，可以查看演示文稿中的所有幻灯片。

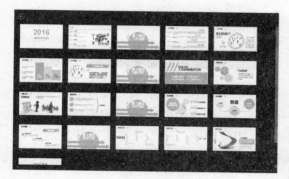

STEP 10 放大所选区域　此时即可将所选区域放大到整个屏幕，按住鼠标左键并拖动可移动屏幕位置，右击可退出放大状态。

STEP 07 放映指定的幻灯片　在弹出的预览幻灯片界面中单击需要放映的幻灯片缩略图，即可放映该幻灯片。

STEP 11 进入黑屏或白屏　❶ 在幻灯片中右击，❷ 在弹出的快捷菜单中选择"屏幕"命令，❸ 在子菜单中选择"黑屏"或"白屏"命令，即可进入黑屏或白屏状态。

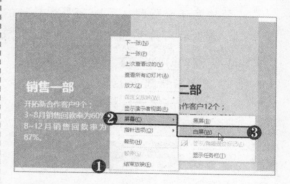

STEP 08 启动"放大"功能　若想放大幻灯片中的某一区域进行详细查看，可单击幻灯片左下方的⊕按钮，启动"放大"功能。

市场遗留问题基本解决。市场肌体已逐渐恢复健康，有了进一步拓展和提升的基矗。

STEP 12 查看白屏效果　此时整个幻灯片将变为纯白，可以选择"笔"工具，在白板上进行书写或绘制图形等。

STEP 09 使用放大工具　此时鼠标指针变为⊕形状，并带有灰色边框。在幻灯片中选择要放大的区域并单击鼠标左键。

STEP 13 进入演示者视图 ❶ 在幻灯片中右击，❷ 在弹出的快捷菜单中选择"显示演示者视图"命令，即可进入演示者视图，在该视图中可以查看备注信息。

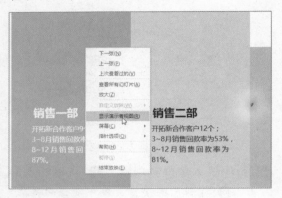

STEP 14 查看幻灯片放映帮助 按【F1】键，弹出"幻灯片放映帮助"对话框，在"常规"选项卡下可以查看常用的快捷键。

12.1.3 自定义放映

在放映演示文稿时，可以将不想放映的幻灯片隐藏起来，还可以指定需要放映的幻灯片，或调整幻灯片的播放次序。自定义放映的具体操作方法如下。

STEP 01 隐藏幻灯片 ❶ 选中幻灯片并右击，❷ 在弹出的快捷菜单中选择"隐藏幻灯片"命令，即可在放映时隐藏这些幻灯片。再次选择该命令，即可取消隐藏。

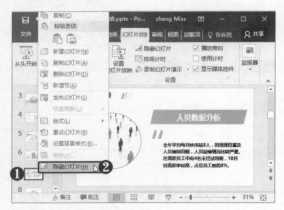

STEP 02 选择"自定义放映"选项 ❶ 选择"幻灯片放映"选项卡，❷ 单击"自定义幻灯片放映"下拉按钮，❸ 选择"自定义放映"选项。

STEP 03 单击"新建"按钮 弹出"自定义放映"对话框，单击"新建"按钮。

STEP 04 添加自定义放映幻灯片　弹出"定义自定义放映"对话框，❶ 输入放映名称"短板分析"，❷ 在左侧列表框中选中要放映的幻灯片前的复选框，❸ 单击"添加"按钮。

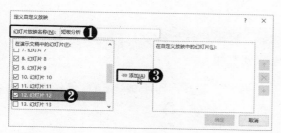

STEP 05 更改放映顺序　❶ 在"在自定义放映中的幻灯片"列表中选择所需的幻灯片11，❷ 单击"下移"按钮，即可更改幻灯片的放映顺序。

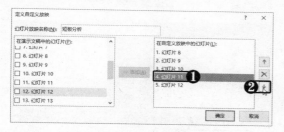

STEP 06 删除多余幻灯片　❶ 在"在自定义放映中的幻灯片"列表中选择多余的幻灯片9，❷ 单击"删除"按钮，即可将该幻灯片从自定义放映"短板分析"中删除。

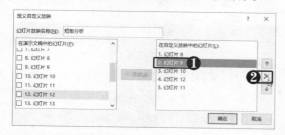

STEP 07 确认自定义操作　在右侧的"在自定义放映中的幻灯片"列表中显示自定义放映的幻灯片，单击"确定"按钮，即可完成创建过程。

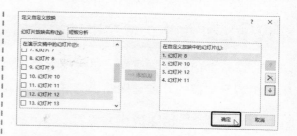

STEP 08 单击"关闭"按钮　返回"自定义放映"对话框，可直接单击"放映"按钮进行放映，也可单击"关闭"按钮。

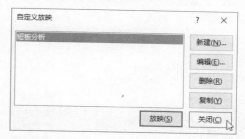

STEP 09 运行自定义放映　❶ 单击"自定义幻灯片放映"下拉按钮，❷ 选择放映名称，即可放映幻灯片。

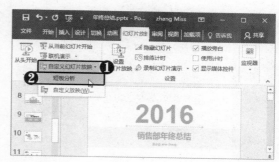

STEP 10 选择自定义放映命令　在放映幻灯片的过程中也可切换到自定义放映中，❶ 右击幻灯片，❷ 在弹出的快捷菜单中选择"自定义放映"命令，❸ 在子菜单中选择"短板分析"命令。

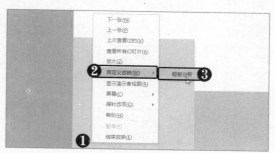

12.1.4 年终总结演讲稿的输出与打包

演示文稿制作完成后，可以根据需要对演示文稿进行输出或保存操作。下面将详细介绍演示文稿的几种常用输出方式与打包保存等操作知识。

1. 打印年终总结演讲稿

演示文稿在打印时，可以设置很多打印选项，其中包括自定义打印的页数范围、每页纸张打印的幻灯片页数和方向等，具体操作方法如下。

STEP 01 选择"打印"命令 选择"文件"选项卡，在左侧选择"打印"命令。

STEP 02 选择"自定义范围"选项 在设置区域中，❶ 单击"幻灯片"下拉按钮，❷ 选择"自定义范围"选项。

STEP 03 设置打印范围 在"自定义范围"下方的"幻灯片"文本框中输入需要打印的幻灯片编号。

STEP 04 设置打印版式 ❶单击"打印版式"下拉按钮，❷选择"6张水平放置的幻灯片"选项。

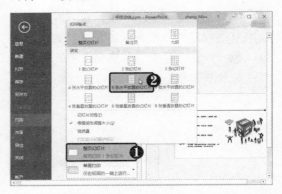

STEP 05 设置幻灯片颜色 ❶单击"颜色"下拉按钮，❷选择"灰度"选项。

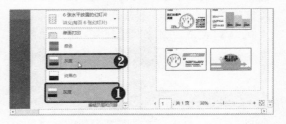

STEP 06 打印幻灯片 在右侧预览区域可以查看打印效果，❶设置打印的"份数"为5，❷单击"打印"按钮。

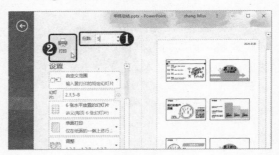

2. 将年终总结保存为图片格式

演示文稿制作完成后，可以保存为多种类型的文件格式，如 Flash 文件、网页或图片文件等。本例将介绍其中比较常用的两种格式，即图片格式和放映格式。首先来介绍如何将幻灯片保存为图片格式，具体操作方法如下。

STEP 01 单击"浏览"按钮 选择"文件"选项卡，❶ 在左侧选择"另存为"命令，❷ 在右侧单击"浏览"按钮。

STEP 02 输入文件名 弹出"另存为"对话框，❶ 选择保存位置，❷ 在"文件名"文本框内输入"年终总结（图片）.pptx"。

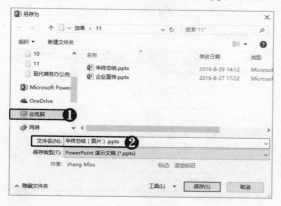

STEP 03 设置保存类型 ❶ 单击"保存类型"下拉按钮，❷ 选择"JPEG 文件交换格式"选项。

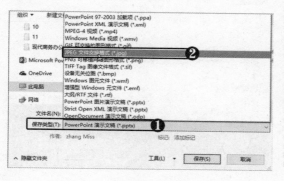

STEP 04 单击"保存"按钮 此时文件名会自动更改为"年终总结（图片）.jpg"，单击"保存"按钮。

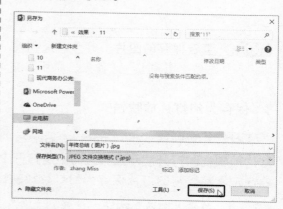

STEP 05 单击"所有幻灯片"按钮 在弹出的提示信息框中单击"所有幻灯片"按钮，即可导出所有幻灯片为图片。

STEP 06 确认保存操作 导出完毕后，系统会弹出提示信息框，提示保存的位置，单击"确定"按钮。

STEP 07 查看保存位置 打开文件所在位置，可见系统已自动创建"年终总结（图片）"文件夹。

高手点拨

用户可以根据需要将导出的幻灯片图片制作成静态的幻灯片，或制作成幻灯片相册。

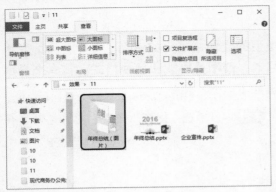

保存为图片格式的所有幻灯片。

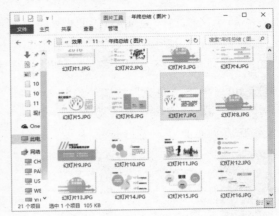

STEP 08 **查看保存的图片** 打开自动创建的"年终总结（图片）"文件夹，即可查看

3. 保存为幻灯片放映格式

幻灯片放映格式是以.ppsx 为后缀名的一种文件格式。这种文件的特点是始终在幻灯片放映视图打开演示文稿，而不是打开 PowerPoint 的普通视图，适合于已经编辑完成的演示文稿。将幻灯片保存为幻灯片放映格式的具体操作方法如下。

STEP 01 **单击"浏览"按钮** 选择"文件"选项卡，❶ 在左侧选择"另存为"命令，❷ 在右侧单击"浏览"按钮。

STEP 02 **输入文件名** 弹出"另存为"对话框，❶ 选择保存位置，❷ 在"文件名"文本框中输入"年终总结（放映）.pptx"。

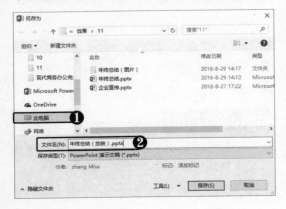

STEP 03 **设置保存类型** ❶ 单击"保存类型"下拉按钮，❷ 选择"PowerPoint 放映（*.ppsx）"选项。

STEP 04 **单击"保存"按钮** 此时文件名会自动更改为"年终总结（放映）.ppsx"，单击"保存"按钮。

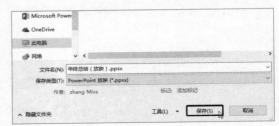

STEP 05 **查看保存位置** 打开文件所在位置，可以查看已保存完成的"年终总结（放映）.ppsx"文件，该文件格式的图标在"小图标"视图下与"*.pptx"格式文件有所不同。

STEP 06 **查看文件效果** 双击文件图标，打开文件，此时会自动跳转到 PPT 的放映视图。

12.2　放映企业宣传演示文稿

　　企业宣传演示文稿比较适合展台浏览放映类型或观众自行浏览放映类型，下面以设置这两种放映方式为例，介绍它们的区别。展台浏览放映类型因不需要控制，是一种非交互式的放映类型，所以需要事先进行排练计时。在介绍展台浏览放映类型之前，先来介绍排练计时功能。

12.2.1　设置排练计时

　　对于非交互式的演示文稿而言，在放映时可以为其设置自动演示功能，即幻灯片根据预先设置的显示时间逐张自动演示，即排练计时，具体操作方法如下。

STEP 01 **单击"排练计时"按钮** 打开素材文件"企业宣传.pptx"，❶ 选择"幻灯片放映"选项卡，❷ 在"设置"组中单击"排练计时"按钮。

STEP 02 **进行放映计时** 进入幻灯片放映状态，在左上角出现的"录制"工具栏中单击"暂停录制"按钮 Ⅱ。

STEP 03 **继续录制** 在弹出的提示信息框中单击"继续录制"按钮，可继续录制。

STEP 04 **结束排练计时** 逐个放映幻灯片

并记录时间，直到排练计时到最后一张幻灯片结束，弹出提示信息框，单击"是"按钮。

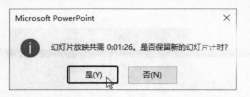

STEP 05 查看排练计时　切换到"幻灯片浏览"视图，在每张幻灯片的右下角显示出每张幻灯片所需的放映时间。

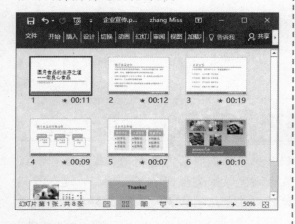

STEP 06 清除幻灯片的计时　❶ 选择需要清除时间的幻灯片，❷ 在"幻灯片放映"选项卡中单击"录制幻灯片演示"下拉按钮，❸ 选择"清除"选项，❹ 选择"清除当前

幻灯片中的计时"选项。

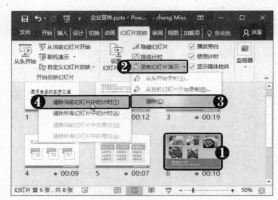

STEP 07 手动设置换片时间　❶ 选择需要重新设置计时的幻灯片，❷ 选择"切换"选项卡，❸ 选中"设置自动换片时间"复选框，❹ 在文本框中可手动设置换片时间。

12.2.2　展台浏览放映

展台浏览放映方式是一种非交互式的放映类型，它是在不受控制的情况下自行进行循环放映。设置展台浏览放映类型的具体操作方法如下。

STEP 01 单击"设置幻灯片放映"按钮 ❶ 选择"幻灯片放映"选项卡，❷ 在"设置"组中单击"设置幻灯片放映"按钮。

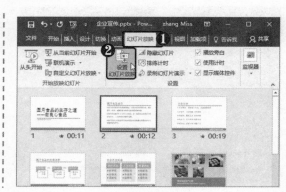

STEP 02 设置放映方式　弹出"设置放映方式"对话框，❶ 在"换片方式"选项区中选中"如果存在排练时间，则使用它"单选按钮，❷ 在"放映类型"选项区中选中"在展台浏览（全屏幕）"单选按钮，❸ 单击"确定"按钮。

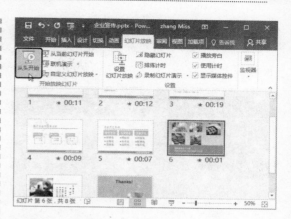

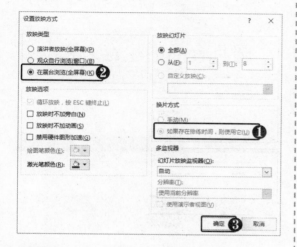

STEP 04 查看放映效果　开始放映之后，放映进度不受鼠标的控制，它会自动按照存在的排练计时进行放映，按【Esc】键可退出放映。

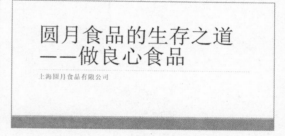

STEP 03 开始放映幻灯片　在"开始放映幻灯片"组中单击"从头开始"按钮，开始放映演示文稿。

12.2.3　观众自行浏览放映

　　观众自行浏览放映类型是由观众自主操作进行放映的一种放映类型，完全受控于观众的操作。若要实现观众的自行浏览功能，就不能使用存在的排练时间选项。设置观众自行浏览放映类型的具体操作方法如下。

STEP 01 单击"设置幻灯片放映"按钮　❶ 选择"幻灯片放映"选项卡，❷ 在"设置"组中单击"设置幻灯片放映"按钮。

STEP 02 设置放映方式　弹出"设置放映方式"对话框，❶ 在"放映类型"选项区中选中"观众自行浏览（窗口）"单选按钮，

❷ 在"换片方式"选项区中选中"手动"单选按钮，❸ 单击"确定"按钮。

STEP 03 **开始放映幻灯片** 在"开始放映幻灯片"组中单击"从头开始"按钮，开始放映演示文稿。

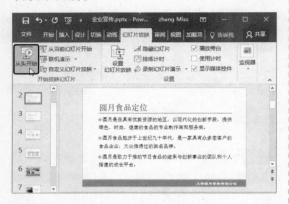

STEP 04 **查看放映效果** 此时演示文稿以

窗口的形式进行放映，在窗口的上下仍保留基本的控制按钮，观众可以根据需要对其进行操作。幻灯片的放映需要观众手动控制，按【Esc】键可退出放映。